智能机器人
关键技术与
行业应用
丛书

Medical
Robotics
Technology

医疗机器人技术

石立伟　郭书祥　编著

化学工业出版社

·北京·

内容简介

本书以临床需求为导向，主要介绍多种医疗机器人的研究现状、关键技术、典型应用和发展前景，具体包括医疗机器人的定义和分类、基本原理和关键技术、工程研究和临床应用等。书中介绍的典型医疗机器人包括血管介入手术机器人、胶囊机器人、上肢康复机器人、腹腔镜手术机器人、骨科手术机器人、神经外科手术机器人等。

本书可作为生物医学工程专业、医疗和机器人等相关专业的研究生教材，也可为从事医疗机器人研究的专业技术人员、临床医学领域的医生提供一定的理论与工程实践参考。

图书在版编目（CIP）数据

医疗机器人技术 /石立伟，郭书祥编著. —北京：
化学工业出版社，2023.6
（智能机器人关键技术与行业应用丛书）
ISBN 978-7-122-43378-7

Ⅰ.①医…　Ⅱ.①石…②郭…　Ⅲ.①医疗器械-机
器人技术　Ⅳ.①TP242.3

中国国家版本馆 CIP 数据核字（2023）第 075000 号

责任编辑：张海丽　　　　　　　　　　　　　　装帧设计：王晓宇
责任校对：宋　夏

出版发行：化学工业出版社（北京市东城区青年湖南街 13 号　邮政编码 100011）
印　　装：北京天宇星印刷厂
787mm×1092mm　1/16　印张 12　彩插 2　字数 280 千字　2023 年 6 月北京第 1 版第 1 次印刷

购书咨询：010-64518888　　　　　　　　　　售后服务：010-64518899
网　　址：http://www.cip.com.cn
凡购买本书，如有缺损质量问题，本社销售中心负责调换。

定　　价：98.00 元

前言

医疗机器人是一种应用机器人技术在医疗领域进行诊断、治疗、康复和监测等工作的设备。医疗机器人可以通过精确的运动控制、高清晰度图像显示和先进的感知技术，为医护人员提供精确的手术、准确的诊断和高质量的护理服务。随着科技的不断进步和人口老龄化趋势的加剧，医疗机器人将在未来得到广泛的应用。医疗机器人处于机器人和医疗健康两大风口交汇处，而对于医疗机器人技术介绍的图书并不多，且涉及具体医疗机器人实例的图书更是屈指可数。医疗机器人技术的发展需要多方面技术的支持和整合，完全了解和掌握相关技术细节也并不容易。因此，需要一本从技术出发的专业图书，让相关专业学生、研究者、从业者甚至普通大众对医疗机器人有一个全面的概念，帮助他们加深对医疗机器人行业的理解。

本书以临床需求为导向，介绍多种医疗机器人的研究现状、关键技术、典型应用和发展前景，包括：医疗机器人的定义和分类、医疗机器人的基本原理和关键技术、医疗机器人的工程研究和临床应用等。本书主要介绍的典型医疗机器人包括：血管介入手术机器人、胶囊机器人、上肢康复机器人、腹腔镜手术机器人、骨科手术机器人、神经外科手术机器人等。

本书作者团队开展医疗机器人研究 20 多年，结合实施动物实验、临床试验的经验，体系化地研究了血管介入手术机器人、胶囊机器人、上肢康复机器人在辅助医生进行疾病诊断、治疗和康复过程中的主要难题以及解决方法。本书中第 2～4 章详细介绍了这三种机器人的整体设计、控制系统、特性评价等，从临床需求、系统结构、控制策略、性能评价和验证多个方面完成对这三种机器人系统的研究。第 5～8 章还对腹腔镜手术机器人、骨科手术机器人、神经外科手术机器人等的研究现状和相关技术进行介绍。本书可为我国未来手术、康复、监测等机器人系统的设计与实施提供重要参考，具有较高的学术价值和应用价值。

本书的出版离不开各位同行学者和课题组老师们的支持，在这里表示由衷的感谢与敬意！本书还得到了北京理工大学"十四五"规划教材基金的资助，在此一并表示感谢！

限于作者水平，书中难免有疏漏不足之处，恳请各位读者批评指正！

作　者

2023 年 3 月

的准确性和安全性，而且可以大大缩短手术时间，减少手术创伤和恢复时间，为患者带来更好的治疗效果。

1.3
医疗机器人的分类

现有的医疗机器人主要可以分为以下几个类别。

（1）手术机器人

手术机器人是用于协助血管介入手术、腹腔外科手术、骨科手术、神经外科手术等的机器人系统，能够进行高精度的手术操作。

血管介入手术机器人是一种用于血管内介入手术的机器人系统。它能够通过患者的血管进入体内，操纵微型工具进行介入治疗，以达到治疗目的。目前，市场上有几种比较成熟的血管介入手术机器人，主要包括：美国 Corindus Vascular Robotics 开发的 CorPath GRX 机器人系统，主要用于心脏血管介入手术；美国 Hansen Medical 开发的 Magellan Robotic System 机器人系统，主要用于周围血管介入手术；西门子医疗公司开发的 ARTIS pheno 机器人系统，主要用于心脏和血管介入手术。

腹腔外科手术机器人是一种用于腹腔内手术的机器人系统，它能够通过机器人手臂进行手术操作，以达到更精准和安全的效果。目前，较为成熟的腹腔外科手术机器人包括 Intuitive Surgical 公司的达芬奇手术机器人和 CMR Surgical 公司的 Versius 手术机器人等。

骨科手术机器人是一种用于协助骨科手术的机器人系统，通过高精度的运动控制和立体定位技术，可以提高手术精度和安全性，并减少手术过程中的创伤和损伤。骨科手术机器人通常由机器人臂、手柄、计算机控制系统、影像导航系统等组成，具有精准的运动控制、高清晰度的影像导航、可视化的操作界面等特点。

骨科手术机器人目前主要应用于关节置换手术、脊柱手术、骨折复位和切割等领域。在关节置换手术中，骨科手术机器人能够通过导航系统精确定位关节部位，精确规划切割位置和角度，提高手术精度和成功率。在脊柱手术中，骨科手术机器人能够通过立体定位技术和影像导航系统准确定位脊椎和神经结构，精确规划手术方案和切除位置，避免手术对神经结构的损伤。

目前，市场上较为成熟的骨科手术机器人主要有美敦力公司的 Navio 手术机器人、思岚医疗的精灵手术机器人、骨科医疗公司的马托手术机器人等。骨科手术机器人的发展仍处于快速发展期，未来，随着机器人技术的不断进步和普及，骨科手术机器人的应用领域和技术水平将不断扩大和提高。

（2）康复机器人

康复机器人主要用于康复治疗，包括康复运动机器人、康复辅助机器人等，能够帮助病人进行运动训练、康复治疗和身体协调练习。较为常见的康复机器人包括 Hocoma 公司的 Lokomat 机器人和 ReWalk Robotics 公司的 ReWalk 机器人等。

康复机器人（Rehabilitation Robots）是一种应用于康复医学领域的机器人系统，主要用于帮助恢复运动能力受损的患者进行康复训练和治疗。康复机器人通常使用电机、传感器、控制系统等技术实现，能够提供精确的力量和运动控制，并且可以根据患者的特定需要进行个性化的康复计划。

康复机器人的应用范围广泛，主要包括以下几个方面：

① 脑卒中（中风）康复。康复机器人可以帮助中风患者进行手臂、手部和腿部的运动康复训练。

② 脊髓损伤康复。康复机器人可以帮助脊髓损伤患者进行下肢和上肢康复训练，提高肢体运动能力。

③ 运动障碍康复。康复机器人可以帮助帕金森病、多发性硬化等患者进行运动康复训练，减轻病症的影响。

④ 儿童康复。康复机器人可以帮助儿童进行康复训练，促进身体发育和运动能力的提高。

康复机器人的优势在于可以提供持续的、高质量的康复治疗，可以进行精确的运动控制，同时可以减轻康复医护人员的负担。但是，康复机器人的成本较高，需要专业的技术人员进行操作和维护，而且机器人的使用也需要特别注意安全问题。

外骨骼康复机器人（Exoskeleton Rehabilitation Robot）是一种特殊类型的康复机器人，它具有机械结构，可以包裹在患者的身体外部，通过外部力的支持来帮助受损部位进行康复训练。

外骨骼康复机器人主要用于下肢和上肢康复训练，患者可以穿戴外骨骼机器人进行运动训练。外骨骼康复机器人可以通过传感器感知患者的运动意图和姿态，根据患者的需求提供恰当的支持力和运动控制，帮助患者进行步态、平衡和手部运动等康复训练。

外骨骼康复机器人的优势在于可以帮助患者进行体位控制和运动训练，从而加速患者的康复进程，减少康复过程中的疼痛和不适感，提高康复效果。此外，外骨骼康复机器人还可以帮助康复医护人员进行患者的日常活动和移动，减轻康复医护人员的负担。

但是，外骨骼康复机器人的缺点在于体积较大、重量较重，穿戴不太方便，而且价格较高。

（3）胶囊机器人

胶囊机器人是一种能够在人体内进行探测、检测、治疗等操作的微型机器人。它通常呈胶囊状或者药丸状，可以通过口腔、食道进入人体，完成内部探测和治疗任务，然后被自然排出体外。

胶囊机器人的应用范围非常广泛，可以用于胃肠道疾病的检测和治疗，也可以用于心血管疾病的检测和治疗。具体应用包括但不限于以下几个方面：

① 消化系统疾病诊断。胶囊机器人可以在胃肠道内进行检测和成像，以发现病变、肿瘤等异常情况。

② 药物释放。胶囊机器人可以在特定部位释放药物，以达到治疗的目的。

③ 内窥镜操作。胶囊机器人可以进行内窥镜操作，以达到内窥镜手术的效果，但是避免了传统内窥镜手术对人体的侵入性。

④ 微创手术。胶囊机器人可以在人体内进行手术，而且手术创伤很小，可以实现微

创手术的效果。

虽然胶囊机器人的技术已经取得很大的进展，但是其技术仍需进一步发展，特别是在控制和操纵上还存在挑战，同时还需要更多的实验和临床数据支持其应用。

（4）无创检测机器人

无创检测机器人是指能够通过非侵入式的方法对人体进行检测和诊断的机器人系统。这种机器人系统通常使用传感器、摄像头、激光等设备来获取人体的生理参数和医学图像，以帮助医生进行精准诊断和治疗。

无创检测机器人在医疗领域中的应用非常广泛，例如：

① 心血管疾病诊断。无创检测机器人可以使用心电图、超声波、磁共振等设备对心血管系统进行检测，以诊断心脏病、动脉硬化等疾病。

② 癌症检测。无创检测机器人可以使用 CT、MRI 等设备对人体进行扫描，以发现癌细胞和其他异常病变。

③ 神经系统疾病诊断。无创检测机器人可以使用脑电图、磁共振等设备对神经系统进行检测，以诊断中风、脑损伤等疾病。

④ 体育损伤诊断。无创检测机器人可以使用摄像头、传感器等设备对运动员进行监测，以诊断运动损伤和监测康复进程。

总的来说，无创检测机器人的应用，使得医生能够更加快速、准确地诊断和治疗疾病，同时也减轻了患者的痛苦。然而，无创检测机器人的技术还需要进一步改进，以提高其精度、稳定性和实用性。

（5）药物自动化分配机器人

药物自动化分配机器人是一种能够自动分配药物和监测药物使用情况的机器人设备。它通常被用于医院和药房等场所，能够减少医疗工作人员的工作量，提高药物分配的准确性和效率。

药物自动化分配机器人的工作流程包括：

① 药物装载。机器人会自动将药物从药品库中取出，并根据药品的数量和规格进行分类。

② 药物分配。机器人会根据医嘱和病人信息等参数，自动将所需药品按照正确的剂量和规格分配到药盒或药袋中。

③ 药物管理。机器人会自动记录每个药品的分配情况和剩余数量，并将这些信息传输到医疗信息系统中，以供医疗工作人员参考。

药物自动化分配机器人的优势在于提高了药物分配的准确性和效率，减少了人为错误的发生，同时也能够降低医疗工作人员的负担和时间成本。随着医疗技术的不断发展，药物自动化分配机器人将会更加智能化和个性化，能够更好地满足医疗机构和患者的需求。

（6）诊断机器人

诊断机器人是一种能够利用人工智能技术和机器学习算法对疾病进行自动诊断的机器人。它通常可以处理和分析大量的医学数据，如医学影像、生理信号、临床数据等，从而为医生提供快速、准确的诊断建议。目前比较常见的诊断机器人包括 IBM 公司的 Watson Health 和麻省理工学院的机器人 Radiology AI 等。

（7）护理机器人

护理机器人主要用于病房和老年护理场所，包括机器人护士、机器人陪护等，能够为病人提供生活护理、生命体征监测等服务。较为常见的护理机器人包括 SoftBank Robotics 公司的 Pepper 机器人和 Toyota 公司的 HSR 机器人等。

（8）实验室机器人

实验室机器人主要用于实验室的科学研究和医学诊断，包括自动化实验室仪器、自动化药物筛选机器人等，能够提高实验室效率和实验数据的准确性。常见的实验室机器人包括 Tecan 公司的自动化液体处理系统和 Hamilton 公司的自动化液体处理工作站等。

这些医疗机器人的应用领域不断拓展，未来医疗机器人的种类和应用也会不断增加和更新。

1.4
医疗机器人未来发展趋势

未来，医疗机器人技术将会发展出以下几个趋势：

① 智能化和自主化。未来的医疗机器人将会越来越智能化和自主化，能够自主学习和适应医疗环境，具有更加灵活的运动控制和更强大的感知能力，能够更好地服务于患者和医护人员。

② 多功能化。未来的医疗机器人将会具有更多的功能，不仅仅是手术机器人、康复机器人和辅助机器人，还可能包括诊断机器人、护理机器人和家庭医疗机器人等。

③ 精准化和个性化。未来的医疗机器人将会越来越精准化和个性化，能够根据患者的个体差异和病情变化进行个性化治疗和康复，能够更好地满足患者的需求和医疗机构的要求。

④ 可穿戴化和便携化。未来的医疗机器人将会越来越可穿戴化和便携化，能够随身携带或穿戴，方便患者在日常生活中使用，减轻患者和医护人员的负担。

⑤ 网络化和信息化。未来的医疗机器人将会更加网络化和信息化，能够与医疗信息系统和医疗设备互联互通，实现数据共享和智能化管理，提高医疗机构的工作效率和质量。

⑥ 跨学科和跨领域。未来的医疗机器人技术将会越来越跨学科和跨领域，涉及机械工程、电子工程、计算机科学、生物医学工程、人机交互等多个学科和领域，需要各个领域的专家共同合作，推动医疗机器人技术的发展。

综上所述，未来的医疗机器人技术将会更加智能化、多功能化、精准化、个性化、可穿戴化、网络化和跨学科化。这些趋势将推动医疗机器人技术不断创新和发展，为医疗行业带来更大的价值和贡献。

第 **2** 章

血管介入手术机器人

2.1
概述

心脑血管疾病是全球范围内较常见的死亡原因之一，其发病率和死亡率随着人口老龄化和生活方式的变化而逐渐上升。根据世界卫生组织的数据，每年因心脑血管疾病导致的死亡人数超过 1700 万，其中包括心脏病、脑卒中和高血压等。

心脑血管疾病的治疗方法包括药物治疗、手术治疗和介入治疗等。药物治疗主要是通过药物控制血压、降低胆固醇、改善心脏功能等方式来减轻病情。手术治疗通常是指开胸或开腹手术，如心脏搭桥、瓣膜置换等，适用于病情较为严重的患者。介入治疗则是通过血管介入手术的方式，如冠状动脉球囊扩张术、支架植入等，实现对病变部位的准确治疗。

为了更好地治疗心脑血管疾病，不断推进技术创新和发展是非常重要的。近年来，随着医疗技术的不断进步，心脑血管疾病的诊断和治疗已经取得许多重要进展，如血管介入手术技术、手术机器人等的应用，为心脑血管疾病的治疗提供了更加精准、安全、高效的手段。同时，通过大数据、人工智能等技术的应用，可以更好地分析和处理医疗数据，优化诊断和治疗方案，提高疾病预防和治疗的效果。血管介入手术因其创伤小、出血少、恢复快等优点而得到广泛应用。医生在实施血管介入手术过程中因需要长时间穿戴铅衣，易引发肩周炎、颈椎病、腰椎病等慢性疾病。同时，医生长时间在 X 射线下工作，即使穿戴铅衣也无法避免射线造成的伤害。为此，将机器人技术引入血管介入手术中，设计主从式血管介入手术机器人系统，实现对医生手术操作的辅助作用。本章首先对血管介入手术进行概述，介绍血管介入手术的基本操作情况、手术器械和操作流程；其次，对血管介入手术的临床需求进行分析；最后，对主从式血管介入手术机器人系统构成进行详细描述。

2.2
国内外研究现状

据 Science Robotics（《科学机器人》）期刊发表的综述文章显示[1]，在过去的 10 年，医疗机器人的发展突飞猛进，世界各地的前沿医疗机构装备的机器人手术系统已完成数百万次手术。数据显示，工程和医学期刊上关于医疗机器人的出版物数量呈指数级增长，从 1990 年的 6 篇增至 2020 年的 3500 多篇。其中，介入手术机器人的相关研究不仅体现在国内外企业成熟的商业化产品上，也涵盖各大高校及研究机构对于手术机器人结构设计、控制系统搭建、力反馈、手术安全等相关的理论与技术探索。本节将针对介入手术机器人领域近年来的国内外研究现状与具体研究成果进行综述，并进行分析与总结。

2.2.1 国外研究现状

国外针对手术机器人系统的研究自 20 世纪 70 年代就已经开始。世界第一个手术机器人系统 PUMA560 于 1985 年研发完毕，用于立体定向手术，使用计算机断层扫描来引导机器人将针插入大脑进行活检，以消除医生在放置针期间因手部颤抖而引起的手术安全问题。目前，全球最知名的手术机器人——达芬奇，是美国 Intuitive Surgical 公司制造的机器人手术系统。它于 2000 年获得美国食品和药物管理局（FDA）的批准，旨在使用微创方法完成手术。该系统用于前列腺切除术，也越来越多地用于心脏瓣膜修复和妇科手术。在心脑血管介入手术机器人方面，国外的企业也推出了进行临床应用的血管介入手术机器人系统，目前具有代表性的商业化产品主要包括 Corpath®、Sensei® X、Magellan™、Amigo™、Niobe™ 机器人系统。

Corindus Vascular Robotics 作为 Siemens Healthineers 旗下的公司，是机器人辅助血管介入领域的前沿技术企业。该公司研发的 CorPath®200 是第一个获得 FDA 批准的经皮冠状动脉和血管手术机器人医疗设备[2-7]。如图 2.1 所示，机器人系统由一个介入操作舱和一个安装在手术床边栏杆上的机械臂组成。该机械臂包含一个装有一次性、无菌的驱动装置，装置上的导引导管通过医生手动操作进入患者体内。该系统允许操作员远程操纵导丝，驱动装置采用摩擦轮操作的方式，来完成对导丝的夹持，实现线性运动和旋转运动 2 个自由度的控制，并推进和收回快速交换球囊和支架。CorPath®200 机器人成功完成了多项动物与临床试验，但缺乏对引导导管的控制而在手术操作上存在限制。2018 年，Corindus Vascular Robotics 公司推出了其第二代手术机器人 CorPath® GRX，支持医生对机器人引导导管进行操作。对该机器人进行了临床试验验证[8,9]。结果显示，试验招募的 40 名受试者，临床手术成功率（手术成功，无院内主要不良心脏问题）和机器人操作成功率（机器人临床程序成功，无须计划外人工协助/转换）分别为 97.5% 和 90.0%。

美国 Hansen Medical 公司研发的 Sensei® X 导管机器人系统（图 2.2）是一种心脏导管插入装置[10-15]。机器人导管操作器可以在其引导导管内支撑多个不同的导管。结合 Sensei® X 机器人系统，Hansen Medical 公司研制了特殊的主动式导管（Artisan Extend Control Catheter），该导管外部包裹机器人可操纵的外壳，通过外周护鞘和内设的牵引钢丝实现导管的弯曲，在手术导航时实现导管的高稳定性、可达性和接触力感应。Sensei® X 在力反馈功能上有以下两个特点：导管的尖端可以通过远程控制在三个维度上移动，并测量远端尖端的力，通过控制器将这些触觉振动传递给用户；通过 IntelliSense™ 传感器系统感测力的克数和接触力方向的功能，允许系统对操作导管尖端施加的力进行量化。该设备已成功用于心脏标测、消融和血管内动脉瘤修复。2011 年，在捷克共和国布拉格对 100 名患者实施了一项使用 Sensei® X 进行心房颤动导管消融的临床试验。在该试验中，63 名患者成功避免了随后的心房颤动。尽管与多种手术兼容，但特制导管的外壳可能会增加心脏穿孔的风险。此外，机器人操作装置体积大、成本高、设置时间较长，也限制了该系统的后续发展。

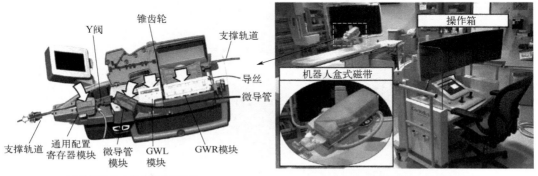

(a) 从端机器人操作器内部结构　　　　(b) 机器人系统主端控制台与从端操作器

图 2.1　CorPath® 200 机器人系统[2]

(a) 从端机器人及主动导管　　　　　　(b) 机器人系统主端控制台

图 2.2　Sensei® X 机器人系统[10]

在 Sensei® X 机器人系统的基础上，Hansen Medical 公司研发了 Magellan™ 机器人系统，如图 2.3 所示[16-18]。新一代系统提升了导航的预测精度和导管控制的稳定性，同时为操作标准治疗设备进行血管疾病手动治疗预留了接口。目前，该机器人系统已通过临床心脏消融及血管内动脉瘤修复等手术试验。

美国 Catheter Robotics 公司在 2012 年研发了 Amigo™ 手术机器人系统，如图 2.4 所示[19-22]。该设备由一个类似于传统导管手柄的手持遥控器和能够装备不同制造商的引导和消融导管的机器人操纵器组成。这种设计方式意味着 Amigo™ 不需要单独的工作站以及特制导管即可工作，因此，机器人的安装成本较低，并且可以很容易地集成到现有的介入手术室中。该机器人的另一个独特方面是其手动换件功能：允许医生手动快速从系统中移除并更换已安装的导管，然后重新连接到系统，且不影响导管的无菌性和定位，在复杂的手术情况下为医生提供最大的灵活性。

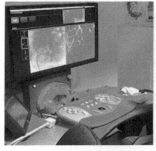

(a) 机器人系统主端控制台　　　　　　　　(b) 从端机器人

图 2.3　Magellan™机器人系统[16]

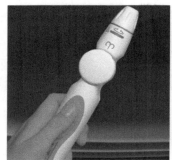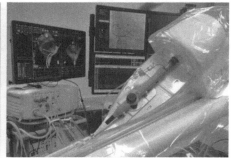

(a) 机器人系统操作手柄　　　　　　　　(b) 从端机器人

图 2.4　Amigo™机器人系统[19]

Sterotaxis 研发的 Niobe™ 磁导航手术机器人系统利用两个计算机控制的永磁体在患者胸部产生磁场[23-26]。如图 2.5 所示，该机器人系统使用的柔性导管在尖端内包含永磁体，以通过调整磁场方向来操纵其运动。在使用过程中，使用电机驱动夹持装置推进和撤回导管。Niobe™ 系统在实现导管定位方面非常准确，并且因为它利用了一个被外部磁场控制进入心内膜的软导管，而不是机械驱动的刚性导管，导致心脏穿孔的风险很低。该系统的缺点是非常昂贵，并且占地面积大，需要一个很大的导管室来容纳。该系统已经被美国食品和药物管理局批准用于临床治疗，应用于如心房颤动消融的心内膜导管控制。该机器人在心脏病学和胃肠病学这两个特定医学领域中都有后续开发的潜力。

(a) 机器人系统主端控制台　　　　　　　　(b) 从端机器人

图 2.5　Niobe™机器人系统[23]

综上所述，介绍的 5 种国外主要商业化介入手术机器人产品的主要特征对比统计情况如表 2.1 所示。

表 2.1　国外主要商业化介入手术机器人特征[27]

产品名称	导管类型	近端力测量	远端力测量	力反馈	三维导航
CorPath®GRX	常规导管	否	是	否	否
Sensei®X	特制导管	是	否	是	是
Magellan™	特制导管	否	否	否	否
Amigo™	特制导管/常规导管	否	否	否	否
Niobe™	特制导管	否	否	否	是

除了企业，国外的各大高校及研究所也在介入手术机器人领域进行了一定的研究，有些成果为完整的机器人系统，有些则是具体的机器人功能实现，如力反馈、控制机构设计等。具体研究机构包括名古屋大学（日本）、香川大学（日本）、帝国理工大学（英国）、特文特大学（荷兰）、西安大略大学（加拿大）、蒙特利尔综合理工学院（加拿大）、伊利诺伊大学香槟分校（美国）、汉阳大学（韩国）和蔚山大学生物医学工程研究中心（韩国）等。

日本名古屋大学的 Toshio Fukuda 教授团队自 1995 年开始介入手术机器人系统的研究[28-31]。研究前期主要围绕带有主动导丝的微导管展开，研发的主动导丝具有 2 个弯曲自由度，在其前端使用离子导电聚合物薄膜致动器作为伺服致动器，并能够进行力反馈测量。团队在 2002 年搭建了导管操作远程控制系统，开发了带有一次性机构的从端设备，操作概念来源于自动铅笔操作机制。团队在 2010 年研发了导管位置、速度跟踪系统，使用磁性运动捕捉传感器向导管驱动机构提供反馈，能够在主动脉系统中执行自主导管插入。机器人系统如图 2.6 所示。

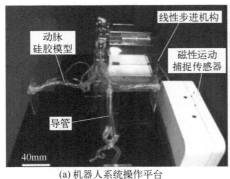
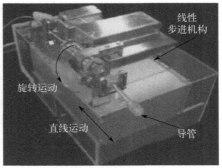

(a) 机器人系统操作平台　　　　　　　　　(b) 从端操作器

图 2.6　日本名古屋大学的 Toshio Fukuda 教授团队研制的介入手术机器人系统[31]

日本香川大学的郭书祥教授团队从 20 世纪 90 年代开始致力于血管介入手术机器人的研究[32-47]。郭书祥教授最初与 Fukuda 教授团队完成了多项介入手术机器人关键技术研究，包括主动式微导丝控制及磁导航导管定位技术等。2012 年，团队研发出具有力反馈的新型主从血管介入手术机器人插管系统；开发的系统利用磁流变（MR）流体实现力反馈，利用开发的多维监测界面实现力反馈的可视化，能够采集导管的尖端或侧面与血管壁的接触数据并生成图表，以供外科医生参考；在后续研发的机器人系统中，通过模仿医生的操作形式，利用往复移动方式来实现导管的推送；研发了机器人主端的触觉反馈装置和从端导管操作手的近端阻力测量机构，以获得机器人插入导管期间的阻力并提供力反馈。团队在2020年开发的手术机器人实现了导丝和导管的协同操作功能，利用常规导管、导丝作为主端操作手柄，最大限度地利用医生现有操作经验，同时基于磁流变流体的主端实现系统的触觉力反馈。三代机器人系统如图2.7所示。

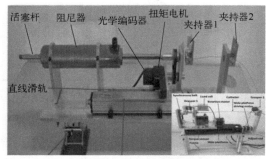
(a) 第一代机器人系统

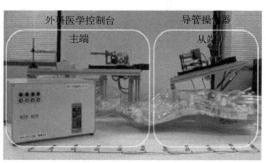
(b) 第二代机器人系统

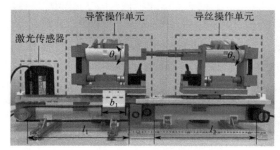
(c) 第三代机器人系统从端操作器

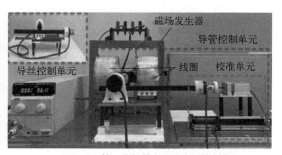
(d) 第三代机器人系统主端控制器

图2.7　日本香川大学的郭书祥教授团队研制的介入手术机器人系统[32-47]

韩国蔚山大学生物医学工程研究中心的Youngjin Moon等人在2018年开发出了应用于心律失常消融的介入手术机器人系统[48,49]。该系统可以同时实现医生通过主端对从端机器人的运动控制以及对导管尖端运动的直接控制，机器人系统如图2.8所示。由于心脏内的血流和脉搏对导管施加外力，使用机器人控制导管的精度有限。2019年，该团队研发了一种强化学习方法，用于机器人自动控制导管。强化学习方法使机器人可以学习如何在模拟环境中操纵导管到达目标，并随后在实际环境中控制导管。当模拟学习模型的结果在实际环境中实施时，导管到达指定目标的成功率为73%。

韩国汉阳大学的Jae-hong Woo等人在早期研发的导管驱动系统基础上，于2019年提出了一个五自由度血管介入手术机器人系统和一个七自由度主端操作设备[50-54]。机器人系统如图2.9所示，该系统能够实现导管、导丝的直线和旋转运动以及导管的尖端扭转。对于导丝的尖端控制，该团队提出了一种新颖的磁驱动微小软体机器人系统，提高了传统导丝的可操纵性。微小软体机器人附着在导丝的尖端，它通过改变外部磁场的方向和强度来进行磁力转向。该微型机器人通过复制模塑法制造，具有由聚二甲基硅氧烷制成的软体、两个永磁体和一个微型弹簧。根据电机控制器中的电流变化，该机器人系统可以间接测量相互作用力。

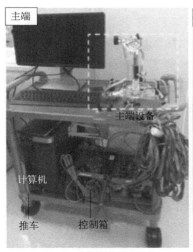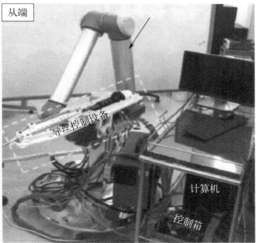

(a) 机器人系统操作平台　　　　　　　　(b) 从端操作器

图 2.8　韩国蔚山大学的 Youngjin Moon 等人研制的介入手术机器人系统[48]

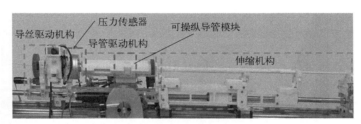

(a) 机器人系统操作平台　　　　　　　　(b) 从端操作器

图 2.9　韩国汉阳大学的 Jae-hong Woo 等人研制的介入手术机器人系统[50]

　　为了使机器人推进导丝在手术中到达患者体内更深的位置，加拿大蒙特利尔综合理工学院纳米机器人实验室的 Charles Tremblay 等人在 2019 年通过临床磁共振成像（MRI）扫描仪发出的边缘磁梯度场产生定向拉力，作用于微导丝尖端进行介入手术导航[55,56]。机器人系统如图 2.10 所示，产生的方向力是通过机器人将患者定位在边缘磁场内的预定连续位置来实现的。通过体外和体内试验表明，X 射线引导的边缘场导航（FFN）可以在复杂的血管系统中导航微导丝，远远超出手动程序和现有磁性平台的限制。

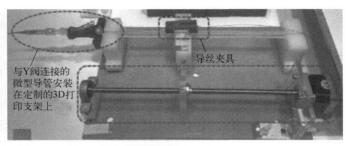

(a) 机器人系统控制装置　　　　　　　　(b) 从端操作器

图 2.10　加拿大蒙特利尔综合理工学院 Charles Tremblay 等人研制的介入手术机器人系统[55]

美国伊利诺伊大学香槟分校的 Naveen Kumar Sankaran 等人在 2018 年设计并开发了一种血管内机器人系统，该系统可以使用传统手术中导管、导丝增强外科医生的动作，并产生反馈以确保手术过程中的安全[57,58]。机器人系统如图 2.11 所示，操作过程中的力反馈是根据驱动手术工具的电机电流估算的。力反馈估计所需的校准基于双层优化，输入整形与级联控制器结合使用，以避免由于更快的输入和跟踪工具位置变化而引起的大响应。机器人可以用来单独操作导管或导丝实现直线和旋转运动控制。2020 年，该团队提出了新的力反馈校准技术，将力估计转化为嵌套优化问题，使用双层优化解决，从而为操作者提供更精确的反馈，以提高操作的安全性。

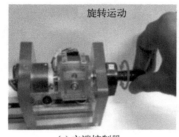

(a) 主端控制器　　　　　　　　　　　　　(b) 从端操作器

图 2.11　美国伊利诺伊大学香槟分校的 Naveen Kumar Sankaran 等人研制的介入手术机器人系统[57]

加拿大西安大略大学的 Maria Drangova 教授团队在 2016 提出了与磁共振成像兼容的远程导管导航机器人系统，以辅助完成磁共振成像引导的导管插入手术[59-62]。该团队研发的两代机器人系统如图 2.12 所示，医生在主端控制器导管上的操作（轴向运动和旋转）由一对光学编码器测量，定制的嵌入式系统将运动传递给一对超声波马达。超声波马达驱动磁共振成像扫描仪关联的从端导管，执行医生的操作。在心导管消融治疗方面，该团队开发了机器人系统为手术导管提供稳定的接触力。该系统包括一个手持装置、一个常规导管和按钮控制器。从端的线性电机组件连接到消融导管，并能够控制其在轴内的相对位置。机器人系统通过闭环控制以实现实时的导管-组织接触力控制稳定。

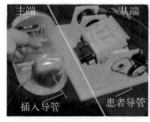
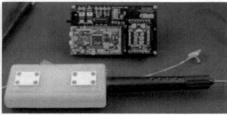

(a) 第一代机器人系统　　　(b) 第二代机器人系统主端操作手柄　　　(c) 第二代机器人系统从端操作器

图 2.12　加拿大西安大略大学的 Maria Drangova 教授团队研制的介入手术机器人系统[59]

英国帝国理工大学的 Dennis Kundrat 等人在 2021 年提出了一种气驱动的磁共振安全远程操作平台，用于远程操作介入手术器械，并为操作者提供血管内操作的触觉反馈[63,64]。机器人系统如图 2.13 所示，该系统的性能通过体外插管研究：7 位临床专家在人体腹部和胸部的模型进行试验，并评估了触觉辅助的表现。试验结果显示：通过气动驱动的机器人能够成功地对不同血管解剖结构进行远程插管，成功率为 90%～100%。该结果为使用非电离实时 3D MR 引导的手术机器人临床转化铺平了道路。

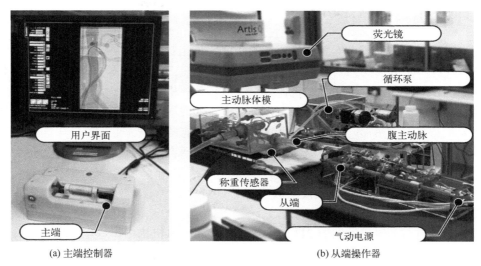

(a) 主端控制器　　　　　　　　　　　　　　　　　(b) 从端操作器

图 2.13　英国帝国理工大学的 Dennis Kundrat 等人研制的介入手术机器人系统[64]

荷兰特文特大学的 Giulio Dagnino 等人在 2018 年研发了一种用于血管内导管介入的机器人系统 CathBot[65]。该机器人系统如图 2.14 所示，机器人主端由一个手柄、两个可独立平移的滑台、三个执行器和两个力传感器组成。操作者可以通过推、拉和扭转运动以类似于临床操作导管的方式操作手柄。该主从机器人系统带有导航系统和基于视觉的集成触觉反馈，导管尖端的动态运动跟踪装置可以通过定量和定性研究的结合来评估导管介入操作的完成度。在人体血管模型上的试验评估表明，当机器人系统提供力反馈时，操作者平均力反馈减少了 70%，最大力反馈减少了 61%。

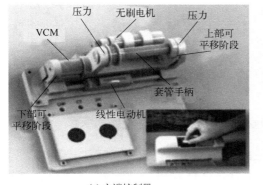
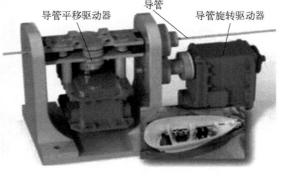

(a) 主端控制器　　　　　　　　　　　　　　　　　(b) 从端操作器

图 2.14　荷兰特文特大学的 Giulio Dagnino 等人研制的介入手术机器人系统[65]

除了上述研究团队，还有美国哈佛大学工程与应用科学学院的 Robert Howe 教授团队[66-69]、美国纽约州立大学布法罗分校的 Govindarajan Srimathveeravalli 教授团队[70]、日本庆应义塾大学的 Kouhei Ohnishi 教授团队[71]、意大利博洛尼亚大学的 Emanuela Marcelli 教授团队[72,73]、以色列理工学院的 Rafael Beyar 教授团队[74,75]等均在介入手术机器人系统的各个研究方向发表了一系列成果。

2.2.2 国内研究现状

相对于国外研究，国内对医疗机器人的研究起步相对较晚。中国知网能够搜索到的文献最早在 1997 年，北京航空航天大学机器人研究所的王田苗教授等人在《机器人技术与应用》杂志上发表了"新应用领域的机器人——医疗外科机器人"一文，分析了计算机辅助医疗外科技术的研究现状与发展趋势。但经过多年的发展，国内在血管介入手术机器人研究方面也取得了一定进展，代表性的研究机构或高校有哈尔滨工业大学、中国科学院自动化所、北京航空航天大学、中国科学院深圳先进技术研究院、上海交通大学、北京理工大学、天津大学、燕山大学等。

哈尔滨工业大学的付宜利教授团队[76,77]在 2011 年研发了一种主从控制的介入手术导管机器人系统。如图 2.15 所示，机器人系统包含集成两个磁跟踪传感器的可操纵导管，具有力反馈预警机制和碰撞反馈的 3D 引导图像。导管插入机构由步进电机驱动，通过齿轮副控制摩擦轮实现旋转和拉/推的运动，通过在主动摩擦轮内轮和外轮之间设置的两个力传感元件实现力反馈数据采集。2020 年，该团队又研发了微创手术机器人，包括一个主控制台、一套视觉系统和一个从端机器人。控制台提供交互界面、两个主操纵器和多个脚踏开关。主操纵器有 7 个自由度：一个用于完成夹紧操作；三个关节轴汇聚到一点，实现姿态的调整；其余三个关节用于位置的调整。从属机器人由三个从属机械手组成，三个机械手具有类似的被动关节和主动关节设计。每个从机械手有 7 个自由度，一个从机械手拿着腹腔镜提供手术区域的视野，另外两个拿着器械完成一些手术动作，如夹紧、切割等。

(a) 介入手术导管机器人系统　　　　　　　　(b) 微创手术机器人系统

图 2.15　哈尔滨工业大学的付宜利教授团队研制的手术机器人系统[76]

中国科学院自动化所的侯增广研究员团队在 2015 年研发了一种新颖的双指机械手（Dual-finger Robotic Hand）结构介入手术机器人，如图 2.16 所示。受外科医生手术时两根手指运动的启发，双指机械手通过使用两个滚轮模仿外科医生的拇指与食指的功能。仿生拇指是驱动滚轮，具有 2 个自由度；仿生食指是被动滚轮，具有 3 个自由度。机器人双指通过绕轴旋转推进或回撤导丝，通过沿轴向上或向下平移旋转导丝。在该机器人的基础上，团队在手术设备（导丝）的图像检测、机器人运动缩放的主从控制方法及利用深度学习模型对导丝进行实时导航等领域都进行了研究[78-81]。

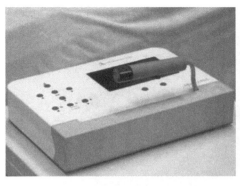

(a) 机器人系统控制装置　　　　　　　　　　(b) 从端双指操作器

图 2.16　中国科学院自动化所的侯增广研究员团队研制的介入手术机器人系统[78]

北京航空航天大学机器人研究所的刘达教授团队在 2011 年研发了血管介入手术机器人系统[82-85]。如图 2.17 所示，机器人系统的主端使用七自由度 Omega 触觉力反馈操作手，从端推进机构具有 2 个自由度控制导管的轴向运动和绕轴旋转。该团队同时利用机器人研发了配套的图像导航系统，通过迭代优化过程校准从数字减影血管造影（DSA）机获取的投影图像，从两个校准的投影图像重建 3D 血管模型，以便外科医生观察病理血管系统并制订手术计划。通过叠加 3D 血管模型和投影图像量化机器人运动。动物试验表明，图像导航系统机器人能够满足介入手术的临床操作要求。

(a) 主端控制器　　　　　　　　　　　(b) 从端操作器

图 2.17　北京航空航天大学的刘达教授团队研制的介入手术机器人系统[82]

上海交通大学康复工程研究所的谢叻研究员团队于 2018 年研发了一种介入手术机器人系统[86-89]。如图 2.18 所示，机器人采用主从控制策略，同样选择 Omega 3 作为主端机械手，从端能够控制插入导丝和球囊导管，并注射造影剂进行造影。该系统完成了动物试验，使用机器人系统成功将导丝从猪的股动脉插入其颈动脉。在 2019 年及后续研究中，该团队又对该机器人的点对点（P2P）远程通信系统、动力学、滑模神经网络自适应控制模型和力反馈系统进行了设计和分析。

上海交通大学的王坤东副教授团队于 2018 年设计了一种新型血管介入手术机器人，带有 4 个机械手，可模拟医生和助手的操作[90-94]。如图 2.19 所示，每个机械手具有 3 个自由度，即导丝和导管的夹持、旋转和推拉。整个机器人系统通过 CAN（Controller Area Network）总线通信连接主从端，从端采用 PID 控制方法对速度和位移进行高精度控制。多个机械手设计使得这个机器人不仅可以操纵常规介入设备，还可以部署支架。试验通过对体内猪进行完整血管内介入手术，成功部署了三个支架，验证了该机器人具有较高的灵巧性、精度和效率，能够满足血管内介入手术的需求。在后续开发中，团队又设计和评估了一种用于该机器人小型化、低摩擦、可反向驱动的减速机构。

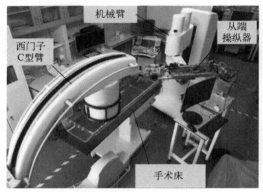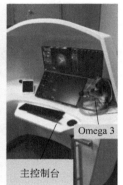

(a) 从端操作器   (b) 机器人主端控制系统

图 2.18　上海交通大学康复工程研究所谢叻研究员团队研制的介入手术机器人系统[86]

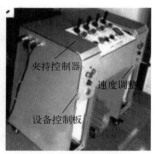

(a) 从端操作器   (b) 机器人主端控制系统

图 2.19　上海交通大学王坤东副教授团队研制的介入手术机器人系统[90]

中国科学院深圳先进技术研究院的 Olatunji Mumini Omisore 博士后所在团队于 2018 年研发了一种新型血管介入手术机器人从端驱动系统[95-98]。如图 2.20 所示，该系统主端使用 Phantom Omni 力交互装置，从端由两个线性制动器组成，用于控制手术工具（如导管和导丝）在血管中的轴向平移和旋转。在后续的研究中，该团队对手术操作者的表面肌电图、电磁和触觉力信号进行了研究，建立医生手术操作力量和肌肉活动之间的关系，提取能够表征导管插入时操作者的手部运动特征。

燕山大学王洪波教授团队于 2021 年研发的血管介入手术机器人，在前期的研究基础上针对导管无法可靠夹紧、力反馈不准确等问题进行了研究[99,100]。如图 2.21 所示，机器人主手可进行导管的直线与旋转运动控制，并且利用磁粉制动器来输出反馈力。该团队针对导管阻力的非线性和不确定扰动影响输送机制的问题，设计了一种基于主从跟踪的自适应滑动控制器。通过模糊滑模控制器（FSMC）实验平台进行实验和分析，结果表明，设计的血管介入手术机器人控制系统导管夹持可靠，导丝插入力跟踪性能好、鲁棒性强。

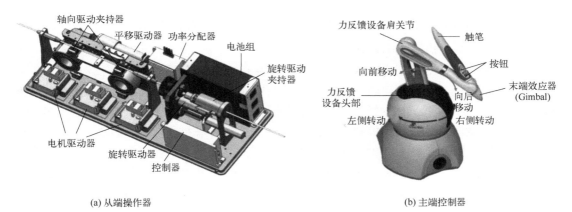

(a) 从端操作器　　　　　　　　　　　　　(b) 主端控制器

图 2.20　中国科学院深圳先进技术研究院 Omisore 博士后所在团队研制的介入手术机器人系统[95]

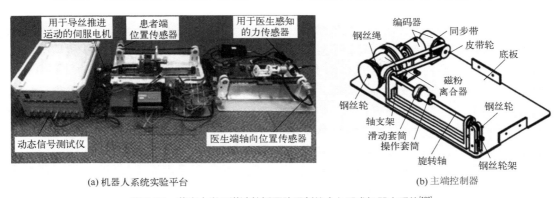

(a) 机器人系统实验平台　　　　　　　　　　(b) 主端控制器

图 2.21　燕山大学王洪波教授团队研制的介入手术机器人系统[100]

　　除上述学者团队外，国内其他高校或研究机构对血管介入手术机器人也开展了相关研究，如北京理工大学段星光教授团队[101-106]、天津理工大学郭健教授团队[107-110]、北京邮电大学王卫民副教授团队[111]等。

2.2.3　国内外发展趋势

　　通过对国内外介入手术机器人研究现状的调研，可以了解到目前对介入手术机器人系统的研发主要具备以下特点：

（1）介入手术机器人的控制目标为单一医疗器械

　　在 20 世纪末至 21 世纪初，上述早期的研究机构与企业研发的介入手术机器人成果主要集中在导管尖端的控制，如导管头端的扭转及导管头端的碰撞力检测。而在 2010 年后，介入手术机器人相关的研发成果主要为控制单一导管或导丝的手术机器人。这一时期的介入手术机器人主要是面向心血管疾病手术进行研发。由于心血管介入手术的血管路径相对宽松，主要需要操作导管进行线性运动和旋转运动，同时配合前期研究的成果对导管头端进行扭转控制。上面所述的商业化介入手术机器人都采用的是类似技术路线实现手术操作目标，研发的机器人所使用的导管为特制导管，不同于常规手术所使用的手术器材，以满足导管射频消融术等疾病治疗的功能需求。大多数国内外研究机构也都沿用这一技术路线研发单一导管控制机器人，但在治疗脑血管疾病的应用中，由于手术操作的血管路径在脑血管部分更加狭小，机器人在设计上对力反馈功能的需求及对导管与导丝的协同操作需求变得更迫切。

（2）介入手术机器人的硬件研发主要涉及从端结构，主从控制采用异构模式

介入手术机器人的设计初衷是将医生与导管手术室分离，使医生在介入手术过程中免于受到辐射的影响，能够不用穿戴铅衣完成手术操作。因此，目前的研发工作大多主要关注机器人从端如何实现医疗器械的操作。如前面国内外研究现状所述，相关从端结构包括多滑块往复式机构、摩擦轮旋转传动机构、气驱动递送机构等，但在控制机器人的方法上通常选择商业化的控制器或交互手柄，如 phantom Omni 力交互装置等。自行研发的主端控制器也与从端结构存在差异，如摇杆或按键等。这种主从异构的操作模式，减少了机器人研发的成本，但在实际应用中增加了医生操作的学习时间，提高了机器人手术操作难度。

（3）介入手术机器人系统的主从控制通过有线连接，安全策略缺失或单一

目前的大多数血管介入手术机器人的控制过程并不算作真正意义上的遥操作手术。其机器人控制端大部分部署在手术室的角落（使用铅玻璃进行辐射屏蔽）或在进行动物或人体试验时通过有线连接部署在导管室外的房间。如图 2.1 所示的 CorPath®200 机器人系统及图 2.15 所示的国内团队研发的微创手术机器人操作方法所示，在进行手术的过程中，医生位于手术室内，仍会受到辐射影响。在实际应用中，手术机器人只实现了"医生控制机器人进行手术操作"这一研究目的，但并未根本满足"医生不受到辐射"这一研发需求。

从手术安全角度考虑，早期的介入手术机器人系统大部分通过单一的视觉反馈辅助医生操作。如图 2.2～图 2.5 所示，企业研发的成果中，视觉反馈信号是医生在主端操作时的主要判断依据。随着机器人在功能上越发复杂，后续的介入手术机器人研发中引入了力反馈信号，通过采集导管、导丝尖端或末端的碰撞力检测数据，反馈到医生手持的主端控制器上。在从端的安全策略上主要考虑了从端结构在操作中对血管模型是否会造成伤害，但从端检测到的碰撞力与医生力反馈的协同策略、手术操作中机器人从端的电气硬件安全性以及主从控制的通信环境波动下主从控制的鲁棒性没有进行分析。

（4）介入手术机器人系统的研发与临床应用脱节，与国外存在差距

除前面所述的 5 种商业化手术机器人外，目前国内外大多数血管介入手术机器人的研发都以结构设计和算法应用作为研发目标，在临床应用的前景上十分渺茫。主要原因为机器人的结构无法与导管室手术床匹配，其电气电路对患者存在危险以及无菌性不符合临床需求。目前，国内的高校及研究机构大多止步于机器人机构及控制算法研发这一环节，少数部分机器人（如中国科学院自动化所及上海交通大学的研究成果）通过动物试验完成了操作性能验证，但国内还没有介入手术机器人完成机器人操作的心脑血管介入手术诊断或治疗，距离国外成熟的商业化应用更是存在差距。

2.3
血管介入手术机器人需求分析

通过以上相关研究的介绍，可以了解到介入手术虽然相比传统的手术方式对患者更友

好、术中创伤小、患者恢复快、术中术后感染概率低，但术中的辐射问题使得医生的健康受到威胁。同时，医生长时间穿戴铅衣也会导致肩周、颈椎问题，影响医生身体健康和手术安全。为了实现医生在手术室外完成介入手术操作，需要建立介入手术机器人系统，使机器人辅助医生完成手术。本章将首先对血管介入手术的流程与医生操作方法进行介绍，其次根据实际需求说明所研发的手术机器人结构及控制方法，最后对系统的各功能实现进行简单的性能评价。

2.3.1　血管介入手术流程

对于疑似心脑血管等血管疾病的患者，相关的就诊流程如图 2.22 所示。患者首先需要通过主管医生的预检，诊断确认为介入治疗适应证后，进行完善的疾病 SOP（标准操作规程）检查。检查包括血常规、心电图、冠状动脉 CT、脑 CT 等，根据相关疾病 SOP 明确该患者是否有手术指征。根据手术指征，医生与患者及家属进行谈话，介绍介入治疗的必要性及明确家属意见，同意后开始进行介入手术操作流程。根据相关的文献显示，2009—2017 年，手术中介入放射工作人员的年均个人有效剂量值中位数为 0.25～2.76mSv/人[112]。即使凭借铅围脖和铅围裙的保护作用可以降低 95% 左右的辐射剂量，手术环境对医生仍具有伤害作用。在完成手术后，介入医生将对患者进行术后随访，预防出现介入手术相关的后续并发症。一般在患者出院半年后，医院安排复查血管造影了解患者愈后情况。如图 2.22 所示，在完整的介入治疗流程中，介入手术机器人的工作范围只涉及术中手术操作部分。因此，在机器人研发过程中只需要针对手术过程中的医生操作需求进行研发，功能上不会涉及术前及术后的治疗需求。下面将从术中医生操作的流程对手术操作需求进行介绍。

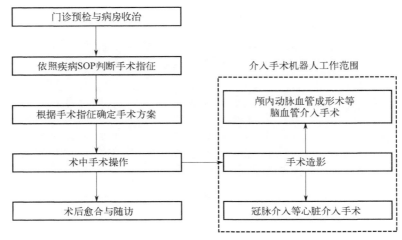

图 2.22　介入手术治疗流程

2.3.2　血管介入手术医生操作流程

由于辐射问题，血管介入手术需要在特定的导管室完成。如图 2.23 所示，导管室中配备了 C 形臂 X 光机，在医生手术期间提供操作的手术器材在患者体内的位置信息。常见的操作器材包括穿刺针、导管鞘、导管、导丝、球囊、支架等[113]。在手术中医生的操作大致分为以下步骤：

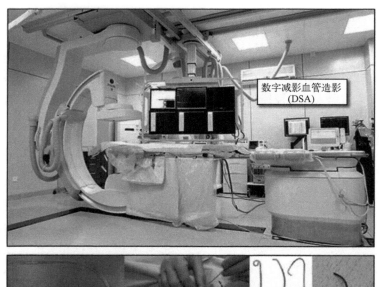

图 2.23　导管室环境及部分介入手术医疗器材

（1）术前准备

对于手术室整体环境，手术前后使用循环风紫外线空气消毒机进行半小时消毒。如图 2.24 所示，在进行手术前需要对将用到的一次性手术器材进行消毒，同时对患者穿刺或切口位置进行消毒及麻醉处理。

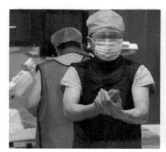

图 2.24　介入手术前对医生、患者以及手术器材消毒

（2）手术穿刺

动脉穿刺的位置通常选择桡动脉或股动脉，根据患者的年龄、病症细节等因素综合考虑。穿刺通常是介入手术具体环节的第一步，决定着整台手术的走向。在确定穿刺位置后，使用套管式的穿刺针进行穿刺。如图 2.25 所示，穿刺针与动脉位置呈 45°，插入至血液随脉搏股状喷出后立刻送入导丝。导丝送入穿刺位置后在按压下撤出穿刺针，送入动脉鞘管，并用肝素盐水冲洗。

（3）造影观察

虽然对于患者病情的具体信息在手术前已有相关检查，但在手术开始阶段仍需通过造影技术进行确认。医生将导管与导丝通过动脉鞘管送入患者体内，沿动脉血管操作导管和导丝行进至术前判断的病变或栓塞位置。如图 2.26 所示，到达目标位置后，撤出导丝，通过压力注射器注入造影剂，观察血管的形态，对病变定位及定性，最终确认治疗方案。造影观察同样用于医生确认导管和导丝在人体血管的具体位置，因为 X 光下无法显示患者血管图像，只能显示导管和导丝的形态。

图 2.25　介入手术穿刺

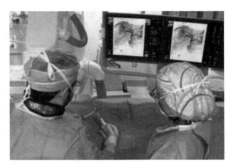

图 2.26　介入手术注射造影剂

（4）介入治疗

在医生操作导管和导丝到达需要治疗的血管位置后，针对不同的疾病指征使用不同的医疗器材进行治疗。例如，对于心血管疾病，如图 2.27 所示，撤出导丝将球囊或支架通过导管送至患处治疗血管狭窄；对于肿瘤，通过导管注射化疗药物定点治疗；对于脑血管疾病，将弹簧圈送至血管畸变位置，堵塞血管瘤防止破裂。

（5）术后收尾

在完成手术治疗工作后，需要撤出导管和其他手术器材。医生需要回抽血液确认是否存在血栓问题，无问题后

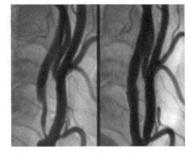

图 2.27　介入治疗放置血管支架

拔出动脉鞘管，按压穿刺部位至少 10min，然后使用弹力绷带轻度加压包扎伤口。对于术中使用的导管等医疗器材需置于消洗液中浸泡 30min，根据是否需要重复使用进行对应消毒或焚毁处理。

2.3.3　机器人应用需求

血管介入手术机器人的研发目标是使医生能够远离辐射影响，无须穿戴铅衣即可完成介入手术操作。根据上述血管介入手术医生操作流程，为了实现这一目标，手术机器人应满足以下几点基本应用需求。

（1）机器人控制端能够屏蔽辐射

为了使医生能够远离辐射影响，机器人的控制端设计应满足辐射屏蔽要求。这种要求下介入手术机器人的控制端设计主要采用两种方法。第一种方法是在控制端采用防辐射的铅玻璃桌作为控制台，如图 2.1 中 CorPath®200 机器人系统所示。该方法的优点是医生可以在手术时直接观察患者情况，也可以及时调整机器人状态；缺点是铅玻璃只能抵消正面及侧

面的辐射，对折射至医生后背的辐射无法屏蔽，仍需要穿戴铅衣工作。第二种方法是采用主从遥操作机器人结构，将机器人的控制端（主端）放置于手术室外，通过有线或无线信号控制患者附近的机器人的执行机构（从端）。这种方法的优点是能够完全隔绝辐射影响，但为手术安全考虑，需要其他医生在手术时待命，在机器人出现问题时及时进入手术室处理。

（2）实时采集医生操作信号

介入手术机器人主端需要采集医生手术操作时的有效操作信息，作为机器人从端操作的参考依据。以经股动脉穿刺的血管疾病手术造影观察阶段的医生操作为例，医生在操作时需要同时操作导管和导丝，通过股动脉上行至主动脉弓，后根据疾病往复操作导丝，引导导管进入颈总动脉或冠状动脉。这期间涉及的介入操作包括对导管和导丝的递送、后撤以及旋转。因此，机器人主端采集时医生必要的有效操作信息包括操作导管和导丝时的线性运动实时位置数据，以及旋捻导管和导丝时的实时旋转角度数据。正常的介入手术环境下，医生在手术时会使用双手同时操作导管、导丝以及其他手术器材。为了完成复杂的手术操作，机器人的主端信号采集需要同时实现对双手操作信息的采集。

（3）医生操作在手术室内复现

介入手术机器人能够完成手术的基本原理是能够执行医生的手术操作，因此机器人的从端在功能上需要实现对医生在主端操作动作的复现。在操作复现方法的研究上，前面对国内外研究中有所介绍。对导管和导丝的线性运动操作（递送、后撤）可以通过摩擦轮滚动或电机带动丝杠等传动结构实现。对导管和导丝的旋转运动则主要通过电机的旋转运动控制实现。由于介入手术的操作是在患者体内血管及脏器中完成，因此对手术安全有着很高的要求。医生在主端进行的有效操作，需要在从端高精度地复现。使用机器人对导管和导丝的操作要做到实时、精确，使医生在手术室外的操作能够及时映射到患者体内。

（4）操作过程具有安全保障措施

为使医生能够顺利完成介入手术操作，在手术过程中需要采取多方面的安全保障措施。保障措施总体应分成两个方面：机械结构上便于消毒处理；控制上为增强医生手术操作的临场感，在主端提供预警信号。由于从端在控制时接触导管和导丝，机器人的部分结构在手术过程中应和导管、导丝等医疗器材采取相同的处理方法，包括术前术后的消毒和密封。在预警信号方面，需要将机器人从端操作导管和导丝时产生的弯折与摩擦信息以力信号的形式传递至主端，在主端产生力反馈作用。结合力反馈信息和医学图像信息，使医生能够在手术室外准确判断手术进展及手术情况，保障患者生命安全。

2.4
机器人系统设计

2.4.1 系统功能分析

参照前面所述介入手术机器人应用需求，本节所设计的主从式介入手术机器人系统需要实现以下几点功能。

（1）导管、导丝协同操作控制功能

设计介入手术机器人主从控制结构，实现医生在机器人主端对导管和导丝的独立操作以及同时控制，在机器人从端实现导管和导丝的独立运动与同时运动。协同操作功能模仿医生在临床手术中采取的手术操作范式，能够为医生快速熟悉机器人操作方法打下基础。

（2）高精度主从随动控制功能

介入手术机器人的协同操作采集医生操作主端手柄时，在特定坐标轴下的沿轴线性运动操作，以及手柄绕轴的旋转运动操作。机器人从端通过夹持机构控制导管和导丝根据主端采集的运动信息进行随动。从手术操作安全角度考虑，主从控制要做到低延时、高精度。

（3）高精度力反馈控制功能

作为介入手术机器人安全保障的重要环节，力反馈控制需要测量导管和导丝递送操作时产生的阻力，以及导管和导丝旋转运动时产生的扭矩。实际操作过程中从端运动机器人的装配结构以及夹持方法会影响力测量，因此需要对力学测量方法进行矫正补偿，确保测量结果的有效性。精确的力学测量结果可以为机器人主端提供更真实的力反馈数据，提升医生远程操作的临场感，为医生准确判断导管和导丝的实时状态提供依据。

（4）手术操作安全预警功能

介入手术安全预警功能需要综合考虑主从随动下的安全预警策略及力反馈过程中的安全预警策略。主从随动控制中，从端需要按照医生操作时的速度及方向稳定地运动，在速度上要防止时断时续及过快过慢。对于超出操作速度阈值、从端无响应的情况，需要进行预警提示。力反馈控制上要能够实现对医生单一方向（递送、后撤）上的运动限定功能，当从端的导管或导丝运动阻力过大时提示医生进行调整，确保手术顺利进行。对力反馈过程中瞬时超出限定力反馈阈值过大等突发情况，需要在程序上设置急停按钮，保障患者安全。

2.4.2　系统构成

为实现前面所述介入手术机器人功能，本节所设计介入手术机器人系统构成框图如图 2.28 所示。该血管介入手术机器人主要分为主端控制器、机器人控制系统、从端操作器三个部分。在实际操作时主端控制器及机器人控制系统部署在手术室外，从端操作器部署在手术室内操作手术器材进行手术。

主端控制器主要包括操作信息采集模块及力反馈输出机构两部分。操作信息采集模块负责记录医生有效手术动作信息，测量医生操作中沿主端操作手柄某一轴的线性运动操作及绕轴旋转操作导致的手柄位置变化。力反馈输出机构负责根据接收的力反馈数据，在主端操作手柄运动时设置摩擦阻力，使医生及时了解从端手术器材在患者体内的运动情况。

机器人控制系统是介入手术机器人的控制中心，主要实现机器人对手术器材的运动控制和手术过程的安全预警。主端控制器在完成操作信息采集后会将医生操作数据发送到机器人控制系统，机器人控制系统通过程序将操作数据转化为从端操作器中电机运动的脉冲指令发送至从端。在手术期间，机器人系统实时监测从端运动时的位置信息和力信号数值。当出现某一数值超出设定阈值或无响应的情况时，启动预警系统的安全措施，保障手术安全。

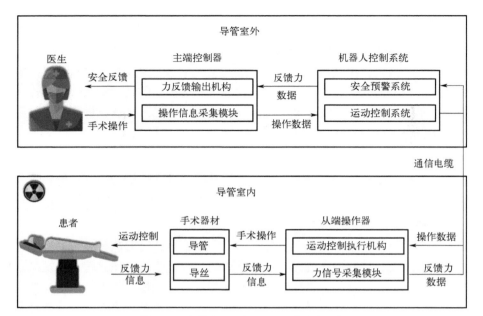

图 2.28 血管介入手术机器人系统构成框图

从端操作器主要包括运动控制执行机构和力信号采集模块。运动控制执行机构根据控制系统的指令完成对导管和导丝的递送、后撤、旋转操作，实时再现医生手部有效手术动作。力信号采集模块通过夹持机构与导管和导丝末端相连，在导管与导丝运动受阻时力传感器接收到阻力信号，通过模拟量接收设备转换为力反馈数据传递给机器人控制系统。

2.5
机器人系统结构

2.5.1 结构总览

结合前面所述介入手术机器人系统构成，本节所研制的介入手术机器人成品的三维效果图如图 2.29 所示。机器人的主端控制器和机器人控制系统共同构成医生操作时的主端控制台。从端操作器通过机械臂固定在导管室内的手术床上，可以通过股动脉穿刺对患者进行介入手术。主端控制器及从端操作器使用通信电缆与机器人控制系统有线连接。

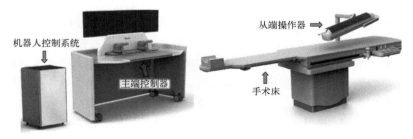

图 2.29 血管介入手术机器人系统效果图

下手柄按钮进行机器人状态切换）无法进行直观的反馈及修正。上述情况导致在与实际介入手术操作的神经内科医生交流时，在操作适应性方面得到消极的反馈。

（2）装置结构臃肿

装置结构的臃肿体现在两个方面：装置的体积和装置的质量。在装置体积方面，导管及导丝操作器无法单手完成拆卸，作为基座的机器人从端运动平台也无法单人进行搬运。同时基座宽度与导管室手术床不匹配，无法将其安装在手术床侧面患者股动脉位置。在装置质量方面，虽然导管和导丝操作器外壳由 3D 打印材料制作，但机器人从端运动平台整体由 304 不锈钢材料组装而成，整体质量使得其无法安全固定在手术床上方。

（3）临床消毒困难

从端的导管和导丝装置中驱动机构（实现旋转功能的电机及力传感器等元件）和执行机构（夹持机构及旋转齿轮等元件）没有隔离设计。在手术需要对导管和导丝保持无菌的要求下，与导管和导丝相连的机构都需要进行术前消毒，因此装置 A~E 全部需要在术前使用环氧乙烷或低温等方法进行消毒。这种消毒要求对装置的电机等元件稳定性会造成影响，威胁到手术操作安全。因此，从临床安全角度无法同时满足无菌和稳定性需求，不能应用于临床。

根据上面所述三滑块从端的问题，改进研发了使用双滑块的机器人从端。双滑块介入手术机器人系统从端操作装置设计理念同样基于图 2.34 所示的导管导丝协同操作概念，其操作原理如图 2.36 所示。与三滑块从端相同，导管和导丝在从端需要保持相同水平面及同轴嵌套关系。不同的是双滑块从端只配置两个操作器用于控制导管和导丝，其中导管的末端固定在导管操作器顶部，导丝通过夹持器 B 与导丝操作器相连。通过医生在主端的操作，可以控制机器人从端完成以下运动。

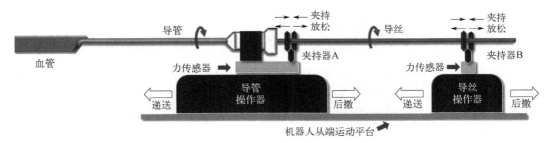

图 2.36　血管介入手术双滑块机器人从端操作原理

（1）导管和导丝的线性运动

导管操作器和导丝操作器能够沿机器人从端运动平台进行线性运动，实现导管和导丝的递送及后撤。该状态下导管操作器附带的夹持器 A 处于放松状态，导丝操作器附带的夹持器 B 处于夹持状态。两个操作器分别独立控制导管和导丝，与主端医生的操作完全对应。

（2）导管和导丝的旋转运动

旋转驱动电机装配在导管操作器和导丝操作器的内部，因此两个操作器能够按照医生动作独立完成导管和导丝的旋转操作。旋转运动时夹持器 A 处于放松状态,夹持器 B 处于夹持状态,与线性运动要求一致,因此医生可以在对导管和导丝进行线性运动控制的同时进行旋转操作。

(3)导丝的持续递送与后撤运动

与导管相比导丝的长度要更长,在临床操作时医生需要将导丝伸出导管头端进行血管的超选操作,在准备造影时需要将导丝完全撤出患者体内。因此,在使用机器人进行介入手术操作时需要在功能上实现对导丝的持续递送与后撤操作。以导丝的持续递送为例,在进行导丝的持续递送时首先进行直线操作使导丝操作器递送导丝至无法继续前进。在该状态下医生操作主端按钮进行夹持器状态切换,使夹持器 A 处于夹持状态,夹持器 B 处于放松状态。操作导丝操作器后撤,使导丝操作器切换至导丝后端新的夹持位置。改变夹持位置后在主端再次进行夹持器状态切换,使夹持器 A 处于放松状态,夹持器 B 处于夹持状态,使机器人从端能够继续进行导管和导丝的直线及旋转操作。导丝的持续后撤操作流程与递送相似,方向相反。

基于上述机器人从端操作原理,所设计的双滑块机器人从端样机如图 2.37 所示。双滑块设计不仅在体积上(1155mm×112mm×125mm)与三滑块介入手术机器人从端(1275mm×150mm×270mm)相比大幅缩小,在质量上(6.5kg)也比三滑块介入手术机器人从端(14.2kg)减轻一多半。

图 2.37　血管介入手术双滑块机器人从端样机

在操作复杂度方面,双滑块机器人从端与图2.33所示机器人主端能够实现操作器对应,同时从端两个操作器按照前面所述控制原理能够分别完成对导管和导丝的独立控制。医生在上手学习时能够立刻将主端双手的操作动作与从端导管和导丝运动进行对应,减少了学习成本,保留了医生的临床操作习惯。

为了达到临床的无菌操作要求,双滑块机器人从端实现了操作执行机构与驱动机构的模块化分离。如图 2.38(a)所示,导管和导丝的操作器采用卡扣式结构连接驱动机构与执行机构。驱动机构内部主要包括旋转驱动电机、驱动齿轮、力传感器及直线滑轨。执行机构主要包括执行齿轮和导管、导丝固定件。以图 2.38(b)所示的导丝操作器为例,旋转操作中驱动机构的旋转电机根据操作指令转动,带动驱动齿轮 B;执行机构的导丝通过夹持器 B 与齿轮 A 固定,导丝的旋转操作通过齿轮 B 带动齿轮 A 实现,这一过程中驱动机构与执行机构除齿面外没有其他位置产生接触。力检测过程通过驱动机构内部的力传感器完成;导丝末端的受力通过夹持器 B 传递到执行机构固定装置,再通过卡扣连接传递至与驱动机构固定装置连接的力传感器。

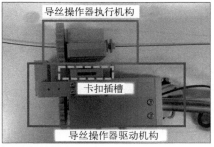

(a) 从端操作器机构分离

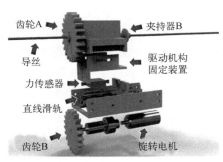

(b) 导丝操作器内部结构

图 2.38　血管介入手术双滑块机器人从端无菌模块分离[118]

综上所述，驱动机构与执行机构只有固定装置部分及齿轮齿面部分产生接触。根据临床操作要求，可以将操作器的执行机构耗材化，手术后销毁替换。使用一次性薄膜覆盖驱动机构接触面后安装执行机构，实现无菌隔离，保障患者安全和从端操作稳定性。

封装后的介入手术双滑块机器人从端如图 2.39 所示，为防止手术中可能的血液及其他污染，使用外壳对机器人从端进行封装。用于控制电机的电路及传感器放大器等元件统一布局在机器人从端尾部，同时将从端两侧用钢板与操作器隔离。在临床应用上，从端通过机械臂支撑在手术床上方，与患者呈 45°～75° 放置，使从端头部能与患者切口血管鞘连接。医生可以在术前通过操作扶手调整从端位姿，确保导管和导丝递送顺利进行。

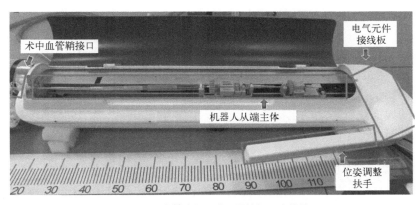

图 2.39　血管介入手术双滑块机器人从端

2.6
机器人控制策略

2.6.1 系统辨识

系统辨识是使用实验数据开发或改进物理系统的数学表达的过程，目前已广泛应用于航空航天工程、机械工程和结构工程的主动控制、模型验证和更新、条件评估、状态监测和损坏检测。系统辨识过程一般包括以下几个步骤：

① 在时域或频域中测量系统的输入和输出信号；

② 使用先验知识和反复实验选择合适的模型结构；

③ 应用估计方法来估计候选模型结构中可调参数的值；

④ 评估估计模型以查看该模型是否足以满足控制需求。

系统辨识的时域方法包括阶跃响应法、脉冲响应法和矩形脉冲响应法等，其中以阶跃响应法最为常用。阶跃响应法利用阶跃响应曲线对系统传递函数进行辨识，阶跃响应曲线即输入量阶跃变化时，系统输出的变化曲线。使用 MATLAB 内置的 System Identification Toolbox™进行系统辨识工作，该工具箱提供了诸如最大似然、预测误差最小化（PEM）和子空间系统识别等识别技术。如图 2.40 所示，以导管线性运动控制例，通过将 50 个周期（每周期 1000ms）内的阶跃响应数据导入 MATLAB 中的系统辨识工具箱进行实验，使用其中前 25 个周期的数据进行模型辨识，后 25 个周期的数据进行数据验证。根据工具箱"状态空间模型"配置对话框计算，机器人系统为式（2.6）所示二阶系统。

$$\begin{cases} G(s) = \dfrac{K_{p1}}{(1+T_{p1}s)(1+T_{p2}s)} \\ T_{p1} + T_{p2} = 2\dfrac{\zeta}{\omega_0} \\ T_{p1} * T_{p2} = \dfrac{1}{\omega_0^2} \end{cases} \tag{2.6}$$

式中，K_{p1} 是二阶系统的放大倍数，T_{p1} 和 T_{p2} 是 MATLAB 计算的简化二阶系统传递参数，ζ 是二阶系统的阻尼比，ω_0 是二阶系统的无阻尼振荡角频率。

系统辨识结果：K_{p1} 为 0.99982，T_{p1} 为 5.5872×10^{-4}，T_{p2} 为 7.0581×10^{-7}。对导管的旋转控制及导丝的线性及旋转运动也按该方法完成系统辨识，可以确定机器人系统各个操作的传递函数，并通过传递函数进行控制系统的 PID 调节。

2.6.2 基于模糊 PID 的机器人系统控制方法

根据与临床医生的交流反馈，介入手术机器人系统的控制方法优先选择 PID 控制算法，主要由于以下几点原因。

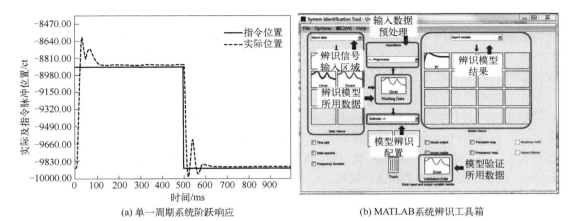

(a) 单一周期系统阶跃响应　　　　　(b) MATLAB系统辨识工具箱

图2.40　血管介入手术机器人系统辨识

(1) 控制对象操作复杂度低

介入手术机器人系统在功能上需要实现导管和导丝的线性运动及旋转运动的主从控制，需要对 4 个控制对象设计对应控制算法。由于导管及导丝操作器的线性运动及旋转运动并无耦合关系，且两个操作器在运动平台上也能够独立运动，因此在能够保证控制精度的基础上不刻意追求控制算法的复杂化。

(2) 临床操作稳定性要求高

从临床安全性考虑，介入手术机器人由被控对象和控制算法组成的控制系统必须时刻保持稳定。机器人系统在手术过程中处于动态变化过程，表征系统动态的所有变量根据医生主端的操作指令实时变化，并最终使从端执行预期的操作动作。如果控制算法设计不合适，在主端的输入和被控对象本身的动态特性结合后，可能导致某些变量的动态变化远远超出预期或安全范围，并进入到不可逆的过程（系统失去稳定性，无法恢复到平衡状态或者预期状态）。即使被控对象是单输入、单输出的线性定常系统，由于自适应、参数辨识等环节的运用，使得整体的闭环系统仍然表现出时变非线性特性，系统的稳定性也会发生变化（即使原有的控制系统能够保证稳定性）。

(3) 医生为手术操作主导者

在被控对象上，无人机、无人车等机器人需要在非受控情况下能够实现高度的自动控制，即实时感知外部环境，在运动中能够进行决策并自主执行任务，包括环境自适应、路线重规划、多机编队及集群分布式控制等。从手术安全和患者情绪考虑，介入手术过程中应由医生作为操作的主导者，而非控制算法的决策。在与医生的实际交流中，项目合作医院的医生也表达了相关态度。因此在机器人控制中，控制算法的作用主要为保证主从操作的精度符合医生操作要求，术中的操作决策（导管和导丝的操作动作）应由医生进行主导。

基于上述原因，使用 PID 控制器对导管和导丝的线性与旋转运动进行控制。介入手术机器人控制系统所使用的 Turbo PMAC 四轴运动控制卡具有 PID 控制功能,如图 2.41 所示,通过在线调整 K_p、K_i、K_d 对应参数,即可实现对从端 4 个操作电机的 PID 控制。通过该方法能够实现较理想的主从控制精度,如图 2.42(a)所示,通过调节 PID 参数能够实现控制电机斜坡响应平均误差 0.17mm,满足介入手术医生控制精度要求。但在实际应用上 PID 控制存在其不足,主要包括以下两个方面:一方面,控制卡自带的控制闭环仅包含介入手术机器人控制系统的部分回路,即"控制卡-电机"回路闭环,主端的操作数据及从端运动的位置数据并未纳入控制闭环;另一方面,在实际手术过程中,医生可能操作导管和导丝在线性运动时进行快速往复调整动作,以保证突发情况下的手术操作安全。在该条件下医生递送、后撤操作动作近似正弦运动,以正弦响应信号对控制系统进行特性评价,其结果如图 2.42(b)所示。通过 20 次正弦响应实验,结果显示控制系统正弦响应平均误差为 4.63mm,需要改变控制算法提升精度。结合国家课题的技术要求及医生的实际需求,临床需要确保介入手术机器人的主从控制跟随误差在 1mm 以下,同时主从控制的定位误差在 0.1mm 以下。根据医生的手术操作特性及电机控制系统的快速响应性和动态调节的控制需求,考虑模糊控制技术具有适用范围广、对时变负载具有一定的鲁棒性的特点,建立模糊控制算法实现介入手术机器人系统模糊 PID 控制。

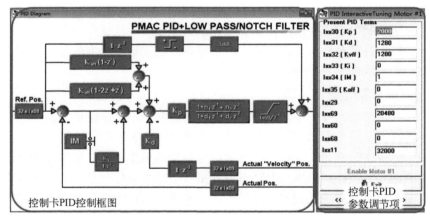

图 2.41　机器人系统控制卡 PID 调节

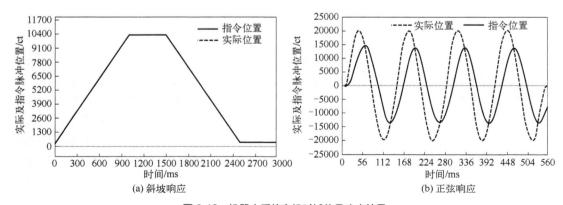

(a) 斜坡响应　　　　　　　　(b) 正弦响应

图 2.42　机器人系统电机时域信号响应结果

　　模糊控制是指采用由模糊数学语言描述的控制规则来操纵系统工作的控制方式。控制过程主要包括：

　　对控制变量的模糊化（Fuzzify）：将输入值以适当的比例转换到论域的数值；

　　逻辑判断：运用模糊逻辑和模糊推论法进行推论，而得到模糊控制参数；

　　建立知识库：包括数据库与规则库，提供处理模糊数据的相关定义，描述控制策略；

　　解模糊化（Defuzzify）：将推论所得到的模糊值转换为明确的控制信号。

　　在介入手术机器人控制方面采用模糊控制具有以下两点优势。

（1）模糊控制器适用于手术机器人控制

　　模糊控制系统根据 0～1 间的连续逻辑变量来分析输入模拟量，相比于程式化的控制流程，更加适合介入手术操作这类参考医生临床手术操作经验的控制环境。手术过程中的决策信息并不充分，大部分时间都是模糊和嘈杂的。在这种情况下，由此产生的判断都是主观和依靠直觉的。这种情况下布尔逻辑的控制方法不适合医疗决策过程，必须考虑这些边缘值之间的过渡过程。而模糊控制可以不需要被控对象的数学模型即可实现较好的控制，被控对象的动态特性已隐含在模糊控制器输入、输出模糊集及模糊规则中。模糊控制器可以利用模糊集合理论将医生的手术知识或操作人员的临床经验形成的语言规则直接转化为模糊规则库，其设计不依靠被控对象精确的数学模型，而是利用其语言知识模型进行设计和修正控制算法。

（2）模糊控制器易于被医生接受

　　当前智慧医疗的风险在于不可解释性，即人工智能作出判断的依据没有明晰的原理可解释，在实际使用过程中医生和患者的接受度不高。相比于智能医疗体系建设中使用智能控制算法进行机器人手术自主操作，模糊控制使用自然语言实现，在控制方法上接近经典控制理论，医生作为系统控制的主导更利于进行人机协同。医生能够对导管和导丝在不同的操作速度区间及操作路径下的模糊规则提出意见，有利于控制策略的制定和改进。

　　如图 2.43 所示，机器人系统模糊 PID 控制是以偏差 e 及偏差的增量 e_c 为输入，利用模糊控制规则在线对 PID 参数进行调整，以满足不同的偏差 e 和偏差的增量 e_c 对 PID 参数的不同要求。定义 e 和 e_c 的模糊子集均为{NB，NM，NS，ZO，PS，PM，PB}，即使用负大[NB]、负中[NM]、负小[NS]、零[ZO]、正小[PS]、正中[PM]、正大[PB] 7 个语言变量表达其模糊子集。定义 e 和 e_c 模糊集对应的论域为{−6, −4, −2, 0, 2, 4, 6}，采用线性方式计算其量化函数如下所示：

$$\begin{cases} f(e) = \dfrac{6e}{V_{max} - V_{min}} \\ f(e_c) = \dfrac{6e_c}{2(V'_{max} - V'_{min})} \end{cases} \tag{2.7}$$

式中，V_{max}、V_{min} 和 V'_{max}、V'_{min} 为偏差 e 及偏差的增量 e_c 在操作量程范围内的最大值和最小值。考虑到 e 和 e_c 的变化是连续的，使用三角隶属度函数确定 e 和 e_c 在模糊子集上的隶属度。

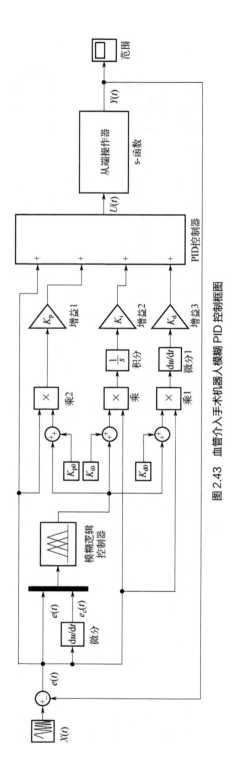

图 2.43　血管介入手术机器人模糊 PID 控制框图

为实现模糊推理对 K_p、K_i、K_d 三个参数进行调整，建立这三个变量的模糊规则库。根据介入手术操作流程，在医生操作初期进入的血管较粗，同时医生相比于操作的精确性更看重主从操作响应速度。因此，在调节初期取较大的 K_p 值以提高响应速度；加大微分 K_d 作用，得到较小甚至避免超调；减小积分 K_i 作用甚至取零以防止积分饱和。在手术操作度过初始阶段后进入平稳控制状态，在该状态下偏差 e 及偏差的增量 e_c 处于稳定减小趋势。因此，在调节中期，K_p 取较小值以使系统具有较小的超调并保证一定的响应速度；积分 K_i 作用取适中值避免影响稳定性；微分 K_d 值适当取小并保持不变稳固调节特性。在手术操作剩余控制阶段中，系统主要需要消除主从控制静差。因此，在调节过程后期将 K_p 取大加快响应的同时，K_i 值取大加强积分提高控制精度；微分 K_d 值减小以降低被控过程的制动作用，进而补偿在调节过程初期由于 K_d 值较大所造成的调节过程的时间延长。整个机器人系统操作过程中根据此控制策略实时调整主从控制 PID 参数，所设计的模糊控制规则如表 2.3 所示。

表 2.3　血管介入手术机器人系统模糊控制规则

	$e_c(t)$ \ $e(t)$	NB	NM	NS	ZO	PS	PM	PB
K_p	NB	PB	PB	PM	PM	PS	ZO	ZO
	NM	PB	PB	PM	PS	PS	ZO	NS
	NS	PM	PM	PM	PS	ZO	NS	NS
	ZO	PM	PM	PS	ZO	NS	NM	NM
	PS	PS	PS	ZO	NS	NS	NM	NM
	PM	PS	ZO	NS	NM	NM	NM	NB
	PB	ZO	ZO	NM	NM	NM	NB	NB
K_i	NB	NB	NB	NM	NM	NS	ZO	ZO
	NM	NB	NB	NM	NS	NS	ZO	ZO
	NS	NB	NM	NS	NS	ZO	PS	PS
	ZO	NM	NM	NS	ZO	PS	PM	PM
	PS	NM	NS	ZO	PS	PS	PM	PB
	PM	ZO	ZO	PS	PS	PM	PB	PB
	PB	ZO	ZO	PS	PM	PM	PB	PB
K_d	NB	PS	NS	NB	NB	NM	NM	PS
	NM	PS	NS	NB	NM	NS	NS	ZO
	NS	ZO	NS	NM	NM	NS	NS	ZO
	ZO	ZO	NS	NS	NS	NS	NS	ZO
	PS	ZO	ZO	ZO	ZO	ZO	ZO	ZO
	PM	PB	PS	PM	PS	PS	PS	PB
	PB	PB	PM	PM	PM	PS	PS	PB

对于求得的目标对象，使用重心法解模糊处理计算各输出量的量化值，以得到对应的 K_p、K_i 和 K_d 值。重心法计算公式如下所示：

$$V = \frac{\sum_{i=0}^{n} M_i F_i}{\sum_{i=0}^{n} M_i} \qquad (2.8)$$

式中，M 为隶属度值，F 为模糊量化值。针对导管和导丝的线性运动及旋转运动采用相同的控制策略，区别为线性运动使用从端与导管和导丝操作器固连的光栅尺位置数据作为反馈量，旋转运动使用导管和导丝操作器内部的旋转电机编码器数据作为旋转角度反馈量。

2.7
控制方法特性评价

本章完成了对介入手术机器人的完整设计与控制方法说明，为了验证介入手术机器人能否实现主从操作，同时各操作动作的精度能否达到临床手术安全标准，从运动精度及操作功能两方面对介入手术机器人系统特性进行测评。

2.7.1 控制精度评价

介入手术机器人控制精度分为运动精度和力反馈精度两部分。

（1）机器人运动精度评价

介入手术机器人运动精度分为导管线性运动精度、导丝线性运动精度、导管旋转运动精度和导丝旋转运动精度。由于机器人的主从操作是通过位置控制闭环实现，因此在主端进行操作的同时，通过测量导管及导丝操作器的定位误差评价机器人的运动精度。该部分实验与中国计量科学研究院合作完成，实验环境设置如图 2.44（a）所示，将激光跟踪仪（API Radian Pro）与介入手术机器人从端相对摆放。Radian Pro 激光跟踪仪集成了干涉激光（IFM）和绝对激光（ADM）双激光，能够实现对靶球的跟踪。其基本原理是激光跟踪头发出的激光能够在射到反靶球上后反射回到跟踪头，在靶球移动时根据角度变化计算目标的空间位置。为排除实验过程中地面微震引起干涉镜或反射镜偏离激光光轴，造成实验测量误差，实验装置整体布置在光学平台。光学平台的隔振层利用固有频率低、阻振性能强的蜂窝结构材料，能够最大限度控制振动的响应。线性运动精度评价中，每间隔 100mm 分别进行操作定位实验（即 0～100mm，0～200mm，…，0～700mm），完成对 0～700mm 的运动距离内定位误差测量；在旋转运动精度评价中间隔 45° 分别进行操作定位实验（即 0°～45°，0°～90°，…，0°～360°），完成对 0°～360° 的运动距离内定位误差测量。以上实验每组各进行 10 次，取平均值作为测量结果。

除使用激光跟踪仪对定位精度进行测量外，同时使用转速标准装置对手术机器人的运动速度进行评价。通过预编程在主端设置预期运动速度，检测从端的运动速度范围，以及在指定速度下的主从跟踪精度。在主端操作速度为 0.5mm/s、5mm/s、15mm/s、20mm/s、50mm/s 条件下检测从端操作器运动速度，每项实验内容各进行 10 次实验，取平均值作为测量结果。

(a) 运动精度评价实验环境

(b) 激光跟踪仪

(c) 操作器靶球定位

图 2.44　血管介入手术机器人运动精度评价

由测试结果可知，介入手术机器人能够实现主从控制下导管和导丝的线性及旋转运动。其中，导管操作器的线性运动平均定位误差为 0.138mm，旋转运动的平均定位误差为 0.97°；导丝操作器的线性运动平均定位误差为 0.108mm，旋转运动的平均定位误差为 1.22°。介入手术机器人操作速度在 0.4~570.0mm/s 范围内可调且主从速度跟随误差不大于 0.1mm/s。

在导管及导丝操作器运动精度的测量实验中，定位误差为主端的控制器做出操作动作后从端操作器的执行精度，完整控制过程包括机械结构响应、系统调节过程和通信时延。由报告结果可知，导管和导丝的线性运动平均误差小于 0.14mm，旋转运动平均误差小于 1.3°，证明机器人可以实现对导管及导丝线性运动和旋转运动的高精度控制。结合临床的操作需求[119]，介入手术机器人的主从运动精度满足实际手术操作要求。

（2）机器人力反馈精度评价

介入手术机器人力反馈精度评价分为从端操作器的力检测精度和主端交互设备的力反馈精度。由于在操作者手持力交互设备的情况下进行力反馈测量难度较大，因此在系统力反馈没有控制算法调节的情况下，分别对主从端设备进行精度测量。主从端实验环境设置如图 2.45 所示。

在主端力反馈精度测量中，固定力交互设备手柄，使用外部传感器与手柄末端固连。通过机器人程序在手柄末端产生主动力反馈信号施加在外部传感器表面，比较两者数值是否一致。在从端力检测精度测量中，使用悬垂法及重力法进行测量。比较标称砝码与从端操作器内部力传感器数值。所有实验每项进行 10 次，取平均值作为测量结果。

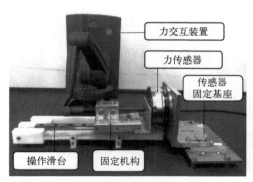

(a) 主端力反馈精度测量　　　　　　　(b) 从端力检测精度测量

图 2.45　血管介入手术机器人力反馈精度实验（示意图）

由测试结果可知，介入手术机器人具有力反馈功能，主端力反馈手柄连续输出力不小于 5N，输出分辨率大于 20g，且轴向刚度大于 1N/mm；在 0～2N 的测量范围内，从端力检测精度平均误差为 0.0386N。

导管及导丝操作器力反馈精度的检测指标在测试内容上主从端有所不同，主端首先测试力交互设备的主动及被动两种力反馈能力，因此对力交互手柄的连续输出力进行检测验证主动力反馈能力；在输出摩擦力反馈的情况下使用外部传感器推动力交互手柄，检测此时手柄的轴向刚度验证被动力反馈能力。其次，测试力交互设备的输出分辨率，作为反馈精度测试结果。结合测试报告结果，可以证明主端力交互设备能够提供多方式的高精度力反馈。从端力检测精度平均误差小于 0.03N，证明从端操作器可以实现对导管及导丝运动中遇到的阻力进行检测。结合与医生交流的临床操作需求，介入手术机器人的主从力反馈精度满足实际手术操作要求。

2.7.2　操作功能评价

为验证手术机器人在功能上能否实现对导管和导丝的协同操作，完成实际手术中的操作内容，使用商业化的人体模型（General Angiography Type C, FAIN-Biomedical, Inc. JP）进行操作功能评价实验。人体模型体积为 1200mm×600mm×250mm，根据实际患者的 CT 和 MRI 数据准确再现全身血管，包括脑动脉、冠状动脉、肝动脉和肾动脉。通过硅胶制作的人体血管在功能上能够模拟血管组织的弹性和摩擦特性，可以在手术实验中真实再现血管的变形和使用导管及导丝操作的感觉和行为。该模型能够使用加热脉动泵再现人体血液循环，如在 37℃下以 100mmHg❶血压和 5L/min 的循环流速模拟人体真实血液流动，为实现机器人手术操作功能评价提供可靠的支持。

如图 2.46 所示，实验操作的起始位置为股动脉，目标位置为升主动脉。共有 6 名操作者参与实验，每位操作者都使用前面所述的双滑块式从端操作装置，推送导管与导丝从起始位置至目标位置。每位操作者各完成 10 次实验，记录每次实验时间。计算各操作者的平均操作时间、操作行程及主从操作误差，并记录操作动作。

---

❶　1mmHg=0.133kPa。

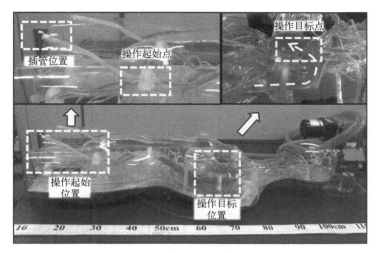

图 2.46　人体模型及实验操作起止位置

　　操作功能评价实验结果如表 2.4 所示，其中一位操作者的实验操作动作如图 2.47 所示。由于实验设计的操作路径中未涉及选择性插管操作，因此实验难度较低，所有实验操作者均操作导管和导丝成功到达了目标位置。所有操作者的平均操作时间为 48.5s。由于实验操作复杂度低，在实验过程中要求操作者优先对介入手术机器人的各项控制功能进行测试，包括对导管和导丝的线性运动及旋转运动在单独操作及协同操作下的实现进行功能验证。结果显示，全部的 60 次实验中，操作者平均操作行程为 426.61mm，线性运动平均误差为 0.13mm，旋转运动平均误差为 1.24°。

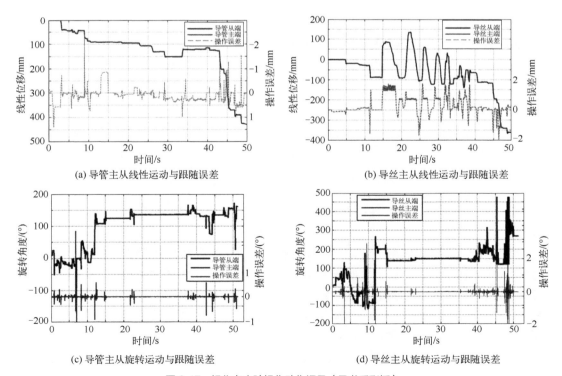

图 2.47　操作者实验操作动作记录（见书后彩插）

表 2.4　操作功能评价实验

操作者	平均操作时间/s	平均操作行程/mm	线性运动平均误差/mm	旋转运动平均误差/(°)
1	45.2	445.32	0.15	1.23
2	41.3	411.57	0.18	1.72
3	52.6	417.63	0.11	0.79
4	53.5	429.14	0.09	1.08
5	53.8	421.72	0.12	1.13
6	44.6	434.29	0.14	1.49
平均	48.5	426.61	0.13	1.24

使用人体模型进行操作功能评价主要验证了在人体血管的弹性和摩擦环境下，介入手术机器人能否操作导管及导丝实现手术操作功能而不发生弯折、阻塞及失灵现象。以图 2.47 所示的单一操作者单次操作记录为例，在 0～10s 以及 15～20s 时间段内，操作者能够分别操作导管和导丝进行前进与后撤操作。在 25～35s 时间段内，操作者能够同时操作导管和导丝进行前进与后撤操作。在这期间，主从控制的操作误差大小与操作速度总体呈正相关。与之相似，在 0～15s 以及 35～50s 时间段内，操作者也能够控制导管和导丝进行旋转。综上所述，本节对所提出的介入手术机器人的操作功能进行测评，实验结果表明操作者控制期间的线性运动功能及精度、旋转运动功能及精度均在人体模型实验中达到了操作要求，并可以在未来动物及临床手术中进行应用。

2.8
介入手术机器人主端控制器

2.8.1　非接触式主端控制器设计

为模仿医生实际手术操作环境，本节提出一种非接触式控制器概念，实现对医生有效操作动作的采集。与主端力交互装置（Geomagic®Touch X, 3D Systems, Inc., US）不同，非接触式控制器采用光电传感器作为位移采集装置，允许外科医生使用类似导管的装置作为控制器，应用传统的导管插入技术。该方法的传感原理简单，可以实现对导管操作技能的非接触式测量，从而避免额外的摩擦，同时可以很容易地集成到更复杂的手术系统中。

光电传感器广泛用于鼠标等电子产品的位移检测，其基本工作原理如图 2.48（a）所示。发光二极管（LED）以一定角度照亮检测物体表面，离轴照明技术能够将物体表面上的微小纹理形成鲜明对比，而后将成像数据通过镜头传输至位于芯片中的 CMOS 传感器上。CMOS 传感器大约以每秒 1500 次刷新频率进行工作，通过连续拍摄物体表面快照并将每个图像发送到数字信号处理器（DSP）进行比较分析，以确定所检测图像位移的距离和方向。如图 2.48（b）所示，本书所述非接触式主端控制器使用 OM02 光学传感器芯片作为位移检测装置，其动态移动中每英寸可反馈 400 次的采样坐标点数（cpi），运动检测速率最高可达 16in/s[1]。通过读取传感器 X_1、X_2、Y_1、Y_2 数据，可计算出物体在 X、Y 方向的位移 ΔX、ΔY。如图 2.49 所示，作为主端操作检测装置，将导管或与导管形状类似的操作手柄放置于光学传感器镜头下，通过 ΔX 的数据变化采集医生的线性操作数据，ΔY 的数据变化采集医生的旋转操作数据，医生操作导管及导丝手柄完成手术操作。

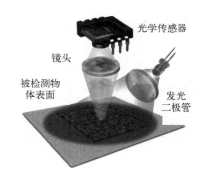

(a) 光学传感器工作原理

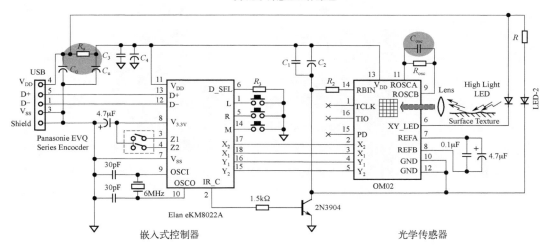

(b) 非接触式主端控制器电路图

图 2.48　非接触式主端操作检测方法[120]

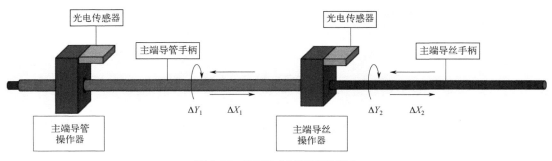

图 2.49　非接触式主端控制器概念

---

[1] 1in/s=2.54cm/s。

根据前面所述的非接触式主端操作概念，本书设计的非接触式主端控制器如图 2.50 所示，控制器的手柄被设计成与医生在手术室中操作导管结构相似，其整体包括旋转运动检测机构、线性运动检测机构和力反馈夹持机构三部分。相比于前期使用的主端力交互装置（Geomagic® Touch X, 3D Systems, Inc., US），操作者能够无约束地推进和后撤手柄，并能够将手柄旋转 360° 以上。控制器的力反馈机构由电机和夹持装置组成。夹持装置由电机通过齿条和小齿轮驱动，旨在模仿拇指和食指的夹紧动作。通过 Turbo PMAC PCI Lite 四轴运动控制卡，可以调整电机轴的旋转角度控制夹持装置的夹紧和放松。控制器的长×宽×高为 118mm×70mm×81mm，与前期使用的主端力交互装置（160mm×120mm×120mm）相比，非接触式主端控制器使用更小的体积实现了对从端的导管或导丝的控制功能。

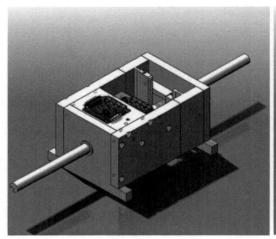 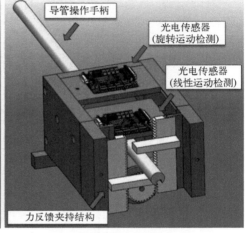

(a) 控制器整体结构　　　　　　　　　　(b) 控制器各部分组成

图 2.50　非接触式主端控制器三维图

线性和旋转运动的检测方法如图 2.51（a）和（b）所示，通过比较操作手柄连续图像前后参考点的位置差异计算位移方向与位移大小。为了实现准确的测量，使用单独的光学传感器分别测量线性和旋转运动。为了提高旋转运动的检测精度，对手柄半径进行放大，使旋转运动近似传递为线性运动。操作检测数据通过以下公式计算：

$$\begin{cases} \Delta X = \Delta p_x \lambda \\ \lambda = \dfrac{d_{\mathrm{mm}}}{d_{\mathrm{pixel}}} \end{cases} \tag{2.9}$$

$$\begin{cases} \Delta \theta_y = 360° \dfrac{\Delta y}{2\pi r} \\ \Delta y = \Delta p_y \lambda \end{cases} \tag{2.10}$$

式中，Δp_x 和 Δp_y 是医生操作手柄时光学传感器在轴向和周向上接收到的像素变化的数量，λ 是传感器的分辨率，ΔX 和 $\Delta \theta_y$ 为检测得到的线性和旋转运动位移数据，r 是旋转放大装置的半径。OM02 传感器的性能上每英寸计数（cpi）为 400，换算后 λ 为 0.0635mm，即每个采样像素点（dpi）变化代表检测物体移动（d_{mm}）了 0.0635mm。

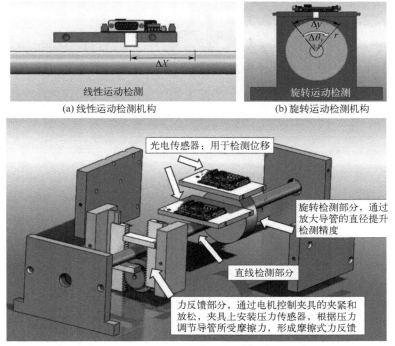

(a) 线性运动检测机构　　　　　　　　(b) 旋转运动检测机构

(c) 控制器结构三维爆炸

图 2.51　非接触式主端控制器结构

　　为了评估非接触式主端控制器的性能，通过 3D 打印技术打印各部分装置。由于尼龙材料表面较为粗糙，对光电传感器的位移检测较为有利，因此操作手柄使用黑色尼龙材料打印，其余部分使用白色树脂材料打印。性能评价实验主要检测控制器的运动精度，包括线性运动与旋转运动精度。两项评价实验各进行 10 次，取平均值作为实验结果。

　　如图 2.52（a）所示，为了评估线性运动精度，将操作手柄与力反馈手柄固定。为了保证实验的准确性，实验前将两套设备平行放置，确保力反馈手柄的 X 轴与控制器的线性位移方向重合。通过操作手柄，比较光学传感器和力交互设备内部电机编码器的位移数据。

　　由于力反馈装置手柄的旋转范围在 0°～240° 之间，因此将操作手柄与力反馈装置连接并不能实现 360° 以上旋转精度评价，可使用外部编码器来评估旋转精度。所使用编码器分辨率为每圈 4096 个脉冲，可以检测到的最小角度变化为 0.088°。将编码器空心轴与控制器手柄固定，通过比较同轴旋转过程中编码器和光电传感器采集的旋转角度评估旋转运动精度。

　　操作功能评价单次实验结果如图 2.53 所示。为避免两手柄连接部分的空程影响，操作过程为单一方向推进。受限于非接触式控制器手柄的长度（300mm），线性运动的评价实验移动距离均小于 300mm。线性实验的平均操作误差为 0.22mm，能够满足医生手术操作导管和导丝的要求。与线性实验不同，控制器手柄与编码器固定更牢固，因此在每次实验过程中同时完成顺时针与逆时针旋转。旋转实验的平均旋转误差为 1.97°，也能够满足医生操作导管和导丝的要求。

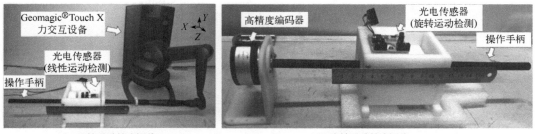

(a) 线性运动精度评价   (b) 旋转运动精度评价

图 2.52 非接触式主端控制器性能评价

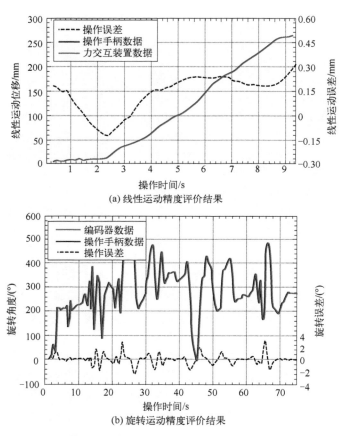

(a) 线性运动精度评价结果

(b) 旋转运动精度评价结果

图 2.53 非接触式主端控制器性能评价结果

2.8.2 双滑块式主端控制器设计

（1）双滑块式主端控制概念

目前研发使用的机器人从端为双滑块机器人系统从端操作装置，从主从同构角度出发，所设计主端控制器应与从端操作器采用相同或相似结构。如图 2.54 所示，参考从端介入手术双滑块机器人操作原理，提出双滑块式主端操作概念。与之前使用的力反馈交互装置及上节所述非接触式主端控制器相比，双滑块式主端控制器设计有以下几项优点：

① 线性运动与旋转运动检测分离。在操作方法设计上，每个控制器的操作手柄不再同时兼顾线性运动与旋转运动检测，仅用于完成对单独旋转操作的采集及旋转力矩的反馈，线性运动及线性方向的力反馈由机器人主端控制器平台实现。该设计理念使两类操作动作采集不互相影响，保证检测的独立性，确保检测精度。

② 使用真实导管导丝。不同于上节所述非接触式主端控制器及力反馈交互装置，双滑块式主端控制器直接使用临床所用导管和导丝。医生在操作时的操作手柄直接与医疗器材对应，使医生在操作时不需要思考控制器对应的控制器材，增强机器人操作的直观性，减少医生操作时的额外负担。

③ 主从同构设计。通过对比图 2.54 与图 2.36，能够发现设计的双滑块式主端操作概念与介入手术双滑块从端机器人的概念完全一致，主端操作采集与从端运动的结构能够一一对应，使得医生在初次接触该机器人时能够更快理解操作方法，降低操作复杂度。同时在设计主端操作平台时可以按照从端实际运动行程进行制造，避免复杂操作需求。

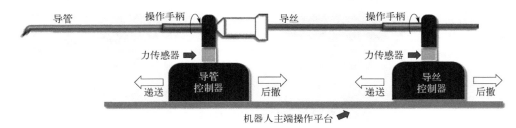

图 2.54　双滑块式主端控制器概念

（2）双滑块式主端控制器结构

根据上节所述双滑块式主端控制概念，所研制的新型主端控制器如图 2.55 所示。控制器整体分为两个部分：主端操作平台和导管/导丝控制器。主端操作平台的滑轨长度为 700mm，能够满足从端操作装置的全部操作行程。操作平台整体由滑轨、张紧机构、同步带及驱动电机组成。在实验前使用张紧机构调整同步带轮与同步带啮合度，导管/导丝控制器分别通过同步带固定在电机驱动轴上，并通过联轴器及定位套筒完成轴向定位。在操作控制器时将导致对应的同步带同时产生位移，通过电机的转动，实现操作者线性操作至电机旋转运动的转化。通过读取电机编码器脉冲信号，主端控制器能够实现对操作者线性运动操作数据的采集。

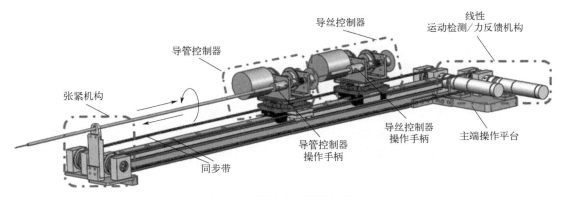

图 2.55　双滑块式主端控制器结构

安装于主端操作平台滑轨上的导管和导丝控制器结构相似，均由操作手柄、磁粉制动器、传动齿轮、光电编码器和测力基座组成。两者唯一不同的是导管控制器操作手柄与临床使用的 5Fr❶导管固定，而导丝控制器操作手柄与导丝固定。导管与导丝同轴套接在一起，遵循实际介入手术中导管与导丝的操作关系。操作者的旋转运动操作数据通过光电编码器采集。如图 2.56（a）所示，以导管控制器为例，使用时操作者旋转操作手柄，带动同轴固定的光电码盘旋转以完成角度检测。导管和导丝控制器分别通过对应测力基座的同步带连接件与主端操作平台连接，构成完整的双滑块式主端控制器。

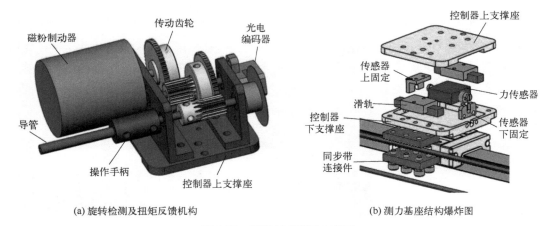

(a) 旋转检测及扭矩反馈机构　　　　　　(b) 测力基座结构爆炸图

图 2.56　导管控制器结构三维图

介入手术中力反馈的主要类型分为线性力反馈和扭矩力反馈。当导管和导丝在插入过程中弯曲，或者导管和导丝的尖端与血管壁碰撞时，医生会感觉到线性的力反馈。当导管和导丝插入患者体内的行程过长时，医生在旋转调整导管和导丝尖端的位置时会感觉到扭矩反馈。

为实现机器人运行过程中力反馈的交互作用，从线性力反馈控制机构、扭矩力反馈控制机构、线性力反馈评价机构三个方面设计了新型主端控制器的力反馈结构。采用线性力反馈控制机构模拟导管和导丝推进操作过程中的实时阻力；扭矩力反馈控制机构用于在导管和导丝旋转操作过程中提供扭矩反馈；线性力反馈精度评估机构用于采集医生操作时受到的线性力反馈大小，控制系统将根据检测结果实时进行线性力反馈调整。

线性力反馈控制机制如图 2.55 和图 2.57（a）所示。通过控制电机电流，主端控制器能够对电机驱动轴的力矩进行控制。而后通过同步带将扭矩转换为控制器操作时的阻力，实现操作过程中的线性力反馈。机器人主端的旋转扭矩反馈采用磁粉制动器实现。如图 2.56（a）和图 2.57（b）所示，当系统接收到力矩反馈信号时，通过调节励磁电流使磁粉制动器产生制动扭矩。由于操作手柄和磁粉制动器通过两对相互啮合的直齿轮相连，此时医生需要克服磁粉制动器在旋转操作过程中产生的扭矩。通过更换操作手柄与磁粉制动器之间的齿轮，可以实现不同传动比下的高精度扭矩反馈。线性力反馈评价机构如图 2.56（b）所示，机构主要由同步带连接件、传感器固定件、滑轨、力传感器和控制器支撑座组成。力传感器安

---

❶ Fr，生物学名词导管的单位。5Fr 导管直径约 1.65mm。

装在机构内部，是控制器上支撑座与下支撑座间的唯一固定连接件。力传感器一侧与上支撑座连接，另一侧与下支撑座连接，滑轨保证上下支撑座间的相对运动方向与主端操作的线性运动方向一致或相反。当产生线性力反馈时，电机产生的阻力通过同步带传递到下支撑座。力传感器作为唯一的连接单元，会同时受到操作手柄的操作力和同步带的阻力，实现对线性力反馈性能的实时评价。

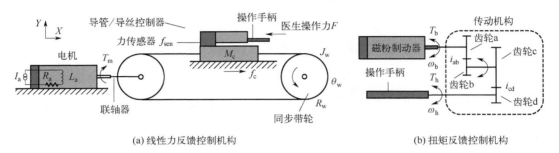

(a) 线性力反馈控制机构　　　　　　　　　　(b) 扭矩反馈控制机构

图 2.57　力反馈结构示意图

图 2.58 所示为所提出的主端控制器样机。操作平台和导管、导丝操作控制器的主要部件采用铝合金制造，安装的两个电机（28381, Maxon, CHE）带有独立编码器（201937, Maxon, CHE）和变速箱（416391, Maxon, CHE），并分别使用两个电机驱动器（ESCON 50/5, Maxon, CHE）来驱动控制。使用力传感器信号放大器（AAA100, FUTEK, US）实时采集两个力传感器（FSH03873, FUTEK, US）检测到的力信号。

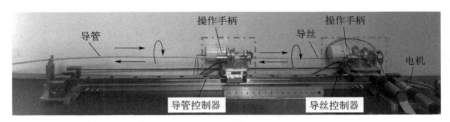

图 2.58　双滑块式主端控制器样机

2.8.3　主端控制器优化反馈策略

（1）双滑块式主端控制器力反馈机制分析

在力反馈机制方面，线性力反馈和扭矩力反馈采用不同的控制策略。对于线性力反馈，如图 2.56（a）所示，操作者感受到的反馈力源自电机的扭矩，因此需要建立力反馈状态下的电机扭矩模型。为实现对电机扭矩的实时调整，需要将电机控制器（ESCON 50/5）配置为"电流控制"模式，同时限制旋转速度使电机工作在"被动扭矩"状态下。在运行过程中，电机电枢电路的电压平衡方程如下：

$$L_a \frac{dI_a}{dt} + R_a I_a = U - E_a \tag{2.11}$$

式中，L_a 是电枢电感，R_a 是电枢电阻，I_a 是电枢电流。U 和 E_a 分别表示电枢电压和感应电动势。当电机工作在"电流控制"模式时，电机的电磁扭矩 T_m 为

$$T_m = C_t \phi I_a \tag{2.12}$$

式中，C_t 为扭矩常数，ϕ 为每极主磁通。此时输出扭矩只与磁通及电流有关，当磁通恒定时，电机输出扭矩与电机电流成正比，从而完成反馈力控制。结合图 2.56（b）和图 2.57（a），以 $-X$ 为导管、导丝的推送正方向，力传感器的数值可以计算如下：

$$f_m = \frac{T_m}{R_w} \tag{2.13}$$

$$F - f_c - f_m = M_c R_w \ddot{\theta}_w \tag{2.14}$$

$$f_{sen} = F + f_m \tag{2.15}$$

式中，f_m 是电机阻力，f_{sen} 是测力基座力传感器检测值，F 是操作者施加在控制器操作杆上的力，R_w 和 θ_w 分别是同步带轮的半径和转角，f_c 代表控制器运动所受阻力。根据式（2.13）～式（2.15），力传感器检测值 f_{sen} 为

$$f_{sen} = \begin{cases} 2f_m + f_c + M_c R_w \ddot{\theta}_w & (F \neq 0) \\ 0 & (F = 0) \end{cases} \tag{2.16}$$

为了操作安全，只在主端控制器的插管递送运动阶段进行力反馈控制（即 $F > 0$），对操作者的后撤操作没有限制。这一方法与介入手术临床情况相同，导管和导丝的后撤操作取决于医生在实际手术场景下的安全评估。力反馈的初衷是提醒医生做出后撤操作决定，且介入手术中导管和导丝后撤一般没有危险，如果在后撤期间启用力反馈反而会阻碍医生做出调整。

为实现准确反馈，将主端电机阻力 f_m 与从端发送的实时力反馈信号 F_{feed}［图 2.38（b）中力传感器采集数据］进行比较。根据两者数据的差异，采用 PID 算法调整电枢电流，使主端电机实时跟踪从端检测到的力数据。机器人系统中使用可编程多轴控制器 PMAC 及 ESCON 伺服控制器来驱动电机的力反馈控制。基于主、从间的力反馈误差，主端控制器电机所需操作电流 I_a 为当前电机电流 I_e 和跟踪所需力所需的电流偏移量 I_f 的总和：

$$I_a = I_e + I_f \quad (I_a > 0) \tag{2.17}$$

$$\begin{cases} I_f = -\dfrac{K_e}{F_{feed}} + K_{vff}\left(F_{feed} - f_m\right) + K_{aff}\displaystyle\int\left(F_{feed} - f_m\right)\mathrm{d}t & (F > 0) \\ I_e = K_p e(t) + K_i \displaystyle\int_0^t e(t)\mathrm{d}t + K_d \dfrac{\mathrm{d}e(t)}{\mathrm{d}t} \end{cases} \tag{2.18}$$

式中，K_p 是比例增益，提供与跟随误差成比例的输出，比例越大，刚性越大；K_d 是微分增益，作用是为系统提供足够的阻尼；K_i 是积分增益，用于减少时间积分造成的误差；e 为电机与控制卡电流误差；K_{vff} 和 K_{aff} 是控制器前馈增益，用于减少由于微分增益引起的跟随误差；K_e 是从端操作时的导管及导丝弯曲刚度余量。

对于扭矩力反馈，如图 2.56（a）与图 2.57（b）所示，操作者感受到的力反馈源自磁粉制动器的扭矩。由于磁粉制动器与齿轮 a、b、c 同轴，齿轮 d 与操作手柄同轴，磁粉制动器的输出可表示为

$$T_{\mathrm{h}} = i_{\mathrm{ab}} i_{\mathrm{cd}} T_{\mathrm{b}} \tag{2.19}$$

$$\omega_{\mathrm{h}} = \frac{\omega_{\mathrm{b}}}{i_{\mathrm{ab}} i_{\mathrm{cd}}} \tag{2.20}$$

式中，T_{b} 为磁粉制动器的输出扭矩；T_{h} 为操作手柄上的输出扭矩，即操作者手部感受到的扭矩；ω_{b} 是磁粉制动器的角速度；ω_{h} 是操作者旋转操作的角速度。需要注意的是，所提出的扭矩反馈装置目前尚未用于实际的手术控制，因为双滑块介入手术机器人系统从端操作装置没有安装导管或导丝扭矩传感器，但将在后续实现从端扭矩检测后使用。

（2）双滑块式主端控制器偏心反馈补偿

如图 2.56（a）及图 2.57 所示，为方便医生手部操作，控制器的操作手柄没有安装在操作平台的轴线上，而是依照"左手操作导管，右手操作导丝"的原则偏心设计在主端控制器一侧，因此需要考虑操作者在偏心状态下手持操作手柄的力反馈精度。为实现精确的力反馈，采用动态力测试建立偏心操作力与轴向力传感器数据的拟合关系，并通过静态测量验证其准确性。

如图 2.59（a）所示，主端导管控制器的操作手柄与力/扭矩传感器（Gamma, ATI 工业自动化公司，美国北卡罗来纳州）相连。在堵转状态下通过手动操作 ATI 传感器向导管控制器运动，采集该实验过程中 ATI 传感器与控制器内部的力传感器数据以拟合非同轴操作情况下的力反馈传递情况，建立偏心力反馈补偿。由于两个设备的连接在运动时一定存在空程死区，为了获得更准确的标定数据，我们在每次实验开始时将 ATI 和控制器平台置于张紧状态。在每次实验从拉到压的标定过程使空程死区对实验误差产生相同的影响，增加实验结果的可信度。

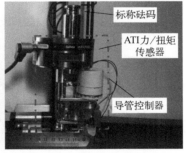

(a) 偏心力补偿和被动力反馈动态评价实验设置　　　　(b) 偏心力补偿精度静态评价

图 2.59　力反馈精度补偿与评价实验

主端力传感器（MF）和 ATI 传感器（AF）间力传递关系如图 2.60（a）所示。在该图中，黑色数据点显示了动态实验下两个力数据之间的关系，通过 MATLAB 调用曲线拟合工具构建力传递关系拟合曲线，曲线方程如下：

$$f_{\mathrm{MF}} = -0.3409 f_{\mathrm{AF}}^2 + 2.705 f_{\mathrm{AF}} - 0.44 \tag{2.21}$$

如图 2.60（b）所示，为了验证拟合结果在外部受力下的准确性，使用标称砝码同时对主端力传感器进行静态力测量。在实验中 ATI 传感器仅作为砝码放置平台，其无砝码状态下的重量在每次实验前先行测量后减去。记录主端力传感器（f_{MF}）的测量数据变化，利用式（2.21）计算施加砝码的测量值。通过将测量值与砝码的标称值进行比较，可以评价非同轴力传递的拟合精度。使用不同的砝码进行了 10 组标称值分别为 0.1N、0.2N、0.5N、0.8N、1.0N、1.5N、2.0N、2.5N、3.0N 和 3.5N 的静态实验，每组实验进行 12 次，减去最大、最小数据后取平均值作为该组实验结果。每组实验中的平均计算测量值及相对标准偏差（RSD）结果如图 2.60（b）所示，实验结果的最大相对误差（与标称值相比）为 10.39%，平均相对误差为 5.47%。实验结果表明，拟合结果能够在偏心操作力与控制器内部的力传感器间建立准确的力反馈传递关系。因此，在实际控制中，为了能够更准确反馈从端 F_{feed} 的力，通过偏心力进行补偿将力反馈值 F_{feed} 转换为 f_{feed}，两者的关系如下：

$$f_{\text{feed}} = -0.3409 F_{\text{feed}}^2 + 2.705 F_{\text{feed}} - 0.44 \tag{2.22}$$

即在操作者手柄期望感受到从端的反馈力 F_{feed}（类比 ATI 传感器的检测力数据），需要主端力传感器检测到大小为 f_{feed} 的力数据。通过偏心力补偿可以使控制器在非同轴力传递情况下的力反馈更精确，让操作者更准确地判断从端导管和导丝的状态，提高手术的安全性。

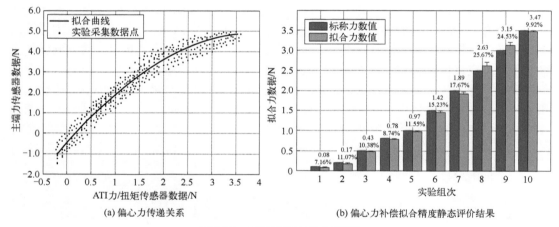

(a) 偏心力传递关系　　　　　　　　　　(b) 偏心力补偿拟合精度静态评价结果

图 2.60　力反馈精度补偿实验结果

2.8.4　主端控制器优化操作评价

为了验证所设计主端控制器对操作者的线性、旋转操作动作检测及力反馈精度能否达到临床手术应用标准，同时能否实现主从操作，本小节从力反馈性能、操作精度及主从操作性能三方面对主端控制器特性进行评价。

（1）双滑块式主端控制器力反馈性能验证

力反馈性能评估实验的设置与图 2.59（a）中所示的力补偿实验相同，实验中主端控制器与图 2.39 所示介入手术双滑块机器人从端连接，通过机器人从端操作器内部的力传感器［图 2.38（b）］发送力检测数据作为主端力反馈的参考信号。与力反馈精度补偿相似，力反馈性能验证实验整体分为两部分，分别为精度验证实验（定量实验）及动态反馈实验（定性实验）。精度验证实验的目的是评价主从条件下主端控制器力反馈精度，实验中将从端操作器如图 2.61（a）所示竖直放置，使用不同的砝码进行 7 组标称值分别为 0.5N、1.0N、

1.5N、2.0N、2.5N、3.0N 和 3.5N 的力反馈条件下的静态力反馈实验。实验中推动与操作手柄相连接的 ATI 传感器，比较 ATI 传感器读数与标称砝码测力数值大小。每组实验进行 12 次，减去最大、最小数据后取平均值作为该组实验结果。动态反馈实验的目的是验证连续变化下力反馈的准确性，通过周期性按压从端操作器测力部分产生时变力数据，同时推动与操作手柄相连接的 ATI 传感器，分析动态数据下力反馈的跟踪情况。由于目前实际应用中仅线性力反馈用于主从操作过程，因此仅对线性力反馈性能进行验证。

精度验证实验结果如表 2.5 所示，表内数据包含精度标称值。同时对每组实验的测量值的绝对误差和相对误差进行了计算。操作者实验时受到的力反馈最大绝对误差数值为 0.419N，平均相对误差为 7.2%～9.8%。动态反馈实验的实验结果如图 2.61（b）所示，在时变力实验中，ATI 传感器与从端力信号之间的最大相对误差和平均相对误差分别为 17.25% 和 8.53%。

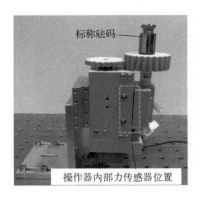

(a) 精度验证实验从端操作器设置

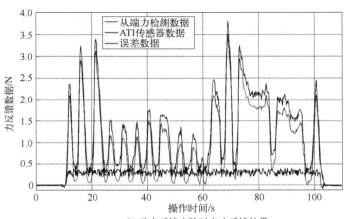

(b) 动态反馈实验时变力反馈结果

图 2.61　力反馈性能验证实验（见书后彩插）

表 2.5　精度验证实验结果

标称值/N	最大绝对误差/N	平均绝对误差/N	最大相对误差/%	平均相对误差/%
0.5	0.071	0.049	14.2	9.8
1.0	0.112	0.082	11.2	8.2
1.5	0.151	0.118	10.1	7.9
2.0	0.207	0.174	10.4	8.7
2.5	0.221	0.180	8.8	7.2
3.0	0.258	0.231	8.6	7.7
3.5	0.419	0.312	12.0	8.9

（2）双滑块式主端控制器操作精度验证

为了测试所提出的主端控制器是否能够准确检测到操作数据，进行操作精度验证实验以评估线性和旋转运动数据采集性能。线性运动数据采集性能实验设置如图 2.62（a）所示，使用连接件将主端控制器与电动丝杠（KR/SKR26）的直线滑台固连。通过安川伺服控制器（SGMJV-01ADE6S）控制丝杠滑台进行线性运动，带动主端控制器进行随动，比较主端线性电机编码器运动数据与丝杠运动控制参数。以 5mm 作为实验间隔，设置每组实验的前进距离分别为 5mm、10mm、15mm、20mm、25mm、30mm、35mm、40mm、45mm 和 50mm。每组实验进行 12 次，减去最大、最小数据后取平均值作为该组实验结果。旋转运动数据采集性能实验设置如图 2.62（b）所示，主端控制器的操作手柄通过联轴器与外接直流电机连接，使直流电机可以与操作手柄同轴旋转相同角度。在实验中控制直流电机以 45° 作为实验增量，设置每组实验的旋转角度分别为 45°、90°、135°、180°、225°、270°、315°、360°，每组实验进行 12 次，减去最大、最小数据后取平均值作为该组实验结果。

(a) 线性运动信号采集性能验证实验设置　　　　(b) 旋转运动信号采集性能验证实验设置

图 2.62　主端控制器操作精度验证实验

图 2.63 所示为主端控制器操作精度验证实验结果。主端控制器的线性运动平均误差为 0.12mm，标准差平均值为 0.03mm。主端控制器的旋转运动平均误差为 0.70°，标准差平均值为 0.26°。

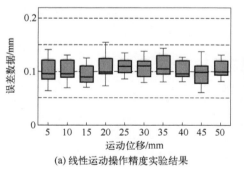 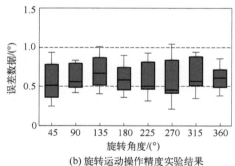

(a) 线性运动操作精度实验结果　　　　(b) 旋转运动操作精度实验结果

图 2.63　操作精度实验结果

由于主端控制器运动采集所用电机及光电编码器在设计、购买时即按照临床应用及项目验收标准进行，故控制器相关运动检测设备本身已经符合实际手术操作的安全性及精度标准。操作精度实验的目的为验证相关设备在与主端控制器其余零部件（传送带、操作手柄）连接后是否仍能达到精度要求。实验结果表明，主端控制器可以实现线性运动和旋转运动的精确检测，满足临床操作需求。

（3）双滑块式主端控制器主从操作性能验证

为验证介入手术机器人在新主端控制器下的主从操作性能，使用商业化的人体模型（General Angiography Type C, FAIN-Biomedical, Inc. JP）进行操作性能评价实验。实验中的预期操作路线如图2.64所示,操作者控制导管和导丝通过股动脉插管位置进入血管模型中,实验的操作终点位置为左锁骨下动脉。实验过程分为两个阶段:腹主动脉及胸主动脉下半部分管径较宽,插管难度低,实验中主要用于验证主从控制下协同及独立操作的功能实现;胸主动脉上半部分至左锁骨下动脉部分插管难度升高,实验中主要用于验证使用双滑块式主端控制器进行选择性插管的能力,证明新设计的主端控制器具有临床手术应用的潜力。一共进行 10 次实验,记录每次实验的操作时间,主从操作线性运动位移、旋转角度以及主从操作跟踪误差。

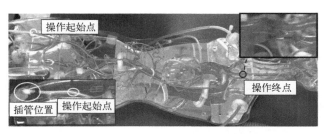

图 2.64　人体模型及主从操作性能验证实验起止位置

在完成的 10 次有效实验中,导管和导丝均顺利到达目标位置。导管线性运动跟踪误差最大值为 1.5mm,最小值为−0.5mm,平均误差为 0.39mm;导丝线性运动跟踪误差最大值为 1.6mm,最小值为−2.6mm,平均误差为 0.56mm。导管旋转运动跟踪误差最大值为 3°,最小值为−0.9°,平均误差为 1.28°;导丝旋转运动跟踪误差最大值为 2.8°,最小值为−1.8°,平均误差为 1.47°。

图 2.65 所示为实验期间的主从操作结果之一,其中包含了导管、导丝的主从线性运动、旋转运动、跟踪误差和操作力信息。

实验操作的难点在于使用控制器操纵导管和导丝,在主动脉弓的位置选择左锁骨下动脉。由于主动脉弓上方的无名动脉(头臂干)、左颈总动脉和左锁骨下动脉相距很近,并朝向与主动脉弓相反的方向弯曲,因此需要反复操作导丝来引导导管进入目标位置。

如图 2.64 所示,由于从股动脉到主动脉弓的血管管径较宽,该部分插管操作相对较快。从图 2.65(a)和(b)可以看出,操作时间大约 15s 时,操作者使用机器人主端控制器操作导管、导丝穿过主动脉弓进入升主动脉。由于上述插管路径的操作复杂度较低,主要用于验证主从协同及独立操作的功能,包括使用新型主端控制器操作导管和导丝进行递送、后撤、旋转运动。从实验结果可以看出,所提出的主端控制器能够单独或共同完成这些操作。从 13s 左右开始,操作者控制导管和导丝后撤回到降主动脉,并开始选择性插管进入左锁骨下动脉。在选择性插管过程中,要使导管进入左锁骨下动脉而避开左颈总动脉,首先需要在主动脉弓调整导丝头端至左锁骨下动脉入口,然后用导丝去引导导管进入。通过完成这类模拟操作,可以证明新型主端控制器能够应用于高精度介入手术。在 18～35s,操作者主要通过导丝进行反复递送和旋转,该过程体现在图 2.65 所示的"选择性插管验证阶段"。大约 36s 时,导丝进入左锁骨下动脉,操作者随后插入导管,达到实验操作的目标。在这一过程中导丝起主导作用,因此对比图 2.65(a)、(c)与(b)、(d)的运动数据,该阶段导丝相关操作更加频繁,实验结果中操作跟踪误差相比导管更高。

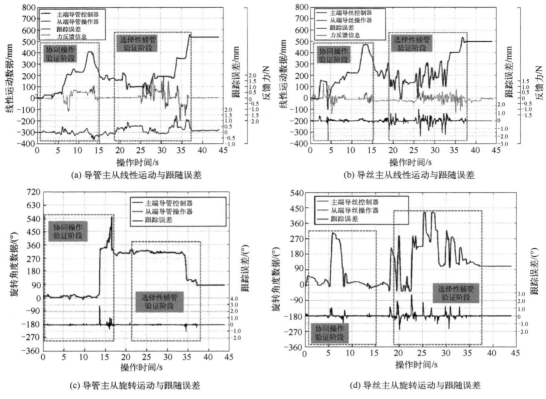

图 2.65　主从操作性能验证实验结果（见书后彩插）

2.9
本章小结

　　本章依据介入手术机器人应用需求，采取了导管导丝主从协同操作的介入手术机器人的系统设计概念。根据这一协同操作概念完成了对机器人系统主端控制器装置及从端操作装置的搭建。考虑医生的主从操作需求，使用模糊控制算法实现机器人系统的高精度主从控制。最后通过控制精度及操作功能两方面的实验，完成了介入手术机器人系统的性能验证。实验结果表明，介入手术机器人系统能够完成对导管和导丝的主从操作，能够实现高精度的导管及导丝的线性运动和旋转运动控制，并可以实现对操作力的精确测量与反馈。

　　本章先后提出两种主端控制器优化方法：非接触式控制方法及双滑块式协同操作方法。根据两种方法分别完成了主端控制器的概念设计、结构设计，并设计实验对其性能进行了测评。通过结果分析，使用双滑块式主端控制器作为介入手术机器人系统控制端优化方案。通过力反馈性能、操作精度、主从操作性能等一系列实验结果表明，双滑块式主端控制器能够完成对医生操作动作的高精度检测，可以实现实时力反馈。

第 **3** 章

胶囊机器人

3.1
概述

在微机电系统（Micro-Electro Mechanical Systems, MEMS）科学与技术的驱动下[121]，微型机器人技术（Micro-Robotics）是当下机器人研究的重点方向。微型机器人是结构简单、部件精密、体积小、可实施微细操作的小型机器人。

微型胶囊机器人是微型机器人领域的一个重要分支。微型胶囊机器人是一种在管道内部移动并且完成特定任务的小型机器人，它们自身集成了所需的传感器、摄像机和其他微型设备。当深入到细小管道内部作业时，操作人员远程控制机器人来执行动作。微型机器人结构简单、体积微小的优点使其逐步走进了工业、航空、航天、军事等多个领域，并发挥着重要的作用。

随着人们对于生活质量的追求逐步提高，机器人技术与医疗技术的结合也越来越紧密，研发能够进入人体腔道的微型机器人，完成低侵袭、低创甚至无创诊疗的医疗任务具有重要的意义和研究价值[122,123]。体内微型胶囊机器人深入到人体胃肠道、血管等腔道内部，在其所处的液体环境内自由移动，可以更全面、细致地对组织器官进行检查与治疗。其作为一种无创或低创的诊疗手段，相对于传统的开放式治疗，可以减少对人体完好组织的损坏，极大降低医疗事故发生的风险；降低患者痛苦，缩短康复周期；进一步节省治疗的时间和费用。

现在，消化道疾病在全球范围内的蔓延趋势依旧明显。世界卫生组织（World Health Organization, WHO）曾发布《2021全球癌症报告》，报告中公布的数据显示，中国作为人口大国，其癌症发病概率仍然较高，新增病例和死亡人数的绝对数值高出世界上的其他国家。在众多的癌症类型中，胃癌、食道癌、大肠癌是威胁癌症患者的最大风险因素，在全世界的食道癌患者中，有 1/2 是中国人，中国的胃癌新增和死亡人数在全球的比例超过 2/5。消化道疾病应当引起我国国民的重视。从临床上看，筛查出胃癌的时间越早，患者被治愈的可能性就越大，很多癌症早期有明显的特征，尽早发现并治疗可以提高生存概率。由此看来，对消化道疾病进行早期检查意义重大。

现今，内窥镜、内送药装置等是临床中使用较多的医疗仪器，它们需要借助质软的管道引导，逐步进入人体内部腔道。这类医疗器械具有显著的弊端：首先，人体内部腔道弯曲狭窄，管道很难深入腔道内部，较深的病灶位置不容易到达，形成视觉盲区；其次，管道深入人体，不可避免地与腔道内壁接触摩擦，容易对腔道造成损伤，患者在整个过程中产生严重的不适和痛苦。内窥镜是进行人体腔道检查的传统工具，它需要深入到人体腔道内部才能进行检查，故小肠等器官因其无法深入而较难进行有效检查，即使是内窥镜的可达位置，由于其结构原因，也存在一定的视觉盲区[124,125]。临床上也有无痛内窥镜检查，然而麻醉剂过敏者并不适用。同时，内窥镜检查也容易引起并发症，给患者增加额外的痛苦。

微型胃肠道疾病诊疗机器人为胃肠道疾病的诊断和治疗提供了新的思路。该种机器人通过食道进入体腔，深入到消化道内部。由于其自身携带有推进装置、摄像机和控制电路，可以在医生的控制下移动，对病灶进行反复、细致的观察。不仅是胃肠道检查，携带有活检钳与微泵的微型机器人还可实现活组织取样和药物释放[126,127]，成为一种新的治疗方式。

人体腔道内的微型机器人处于层流环境。与其他结构的机器人本体相比，可旋转结构能够产生较大的驱动力。在驱动方式上，由于微型机器人体积、载重有限，内置的驱动装置不宜作为动力单元，采用外部驱动方式可以避免机器人尺寸、载荷增加。目前常见的外部驱动方式有静电驱动[128]、磁致伸缩驱动[129]、热驱动[130]等。还有利用细菌进行驱动的方式[131]，但是细菌毒性和可控制方面仍存在重大挑战。磁场驱动具有响应迅速、控制灵活、介质限制少等优点[132,133]。在功能方面，单个机器人实现特定功能得到了广泛而充分的研究，面向复杂医疗任务的多功能机器人因尺寸限制难以实现，而"模块化"概念为解决这一问题提供了新的思路。

体内微型胶囊机器人的出现，为无创、微创诊疗提供了良好基础，但是仍然存在一些不足：①在多机协作性方面，目前的医用微型机器人有检查、施药、手术等功能，但是大部分研究集中在单个机器人的个体运动上，缺乏对多机器人合作完成任务的研究。受单个机器人的体积限制，其各自只能携带有限的负载，具备单一的功能，不能独立完成复杂的医学诊疗任务，这距离微创手术的发展需求还有一定距离。②在控制灵活性方面，为了实现多个模块化机器人配合完成复杂任务，首先应该实现对各个机器人精确、独立的控制，使其达到病灶周围的位置时有特定的位姿[134]，通过各模块化机器人的组合形成新的结构。磁场驱动的方式可以有效地解决能源供给问题，但是在同一磁场下多个机器人会同时受到磁场作用，实现任意模块的灵活控制还有困难。③在组合高效性方面，模块化的机器人在特定位置相互结合，成为整体；在狭窄位置则要相互分离以保证顺利通过。目前的研究大多集中于模块结合过程，而能否顺利分离也是保证诊疗安全的重要环节。实现多个机器人模块的高效组合，对于保障患者安全、缩短诊疗时间、简化医生操作具有极大意义。因此，对微型胶囊模块化机器人系统的研究可以从一定程度上解决上述难题，具有实际意义。

3.2
胶囊机器人国内外研究现状

3.2.1 胶囊内窥镜研究现状

以色列的 Given Image 公司是全球最早进行胶囊内窥镜研究的公司。该公司于 1999 年研发出口服式内镜胶囊 M2A 并率先推向市场，在当时处于领先地位。M2A 自带互补金属氧化物半导体（Complementary Metal Oxide Semiconductor，CMOS）图像传感器，可被动拍摄 50000 张消化道内的图像（图 3.1）。但是其只能靠消化道蠕动排出体外，机器人在体内的有效工作时间为 6～8h。2010 年，该公司推出了外部手持磁铁用于胶囊内镜的控制，但是由于只能在充满液体的情况下使用，且无法在褶皱处使用，所以未用于临床检查。

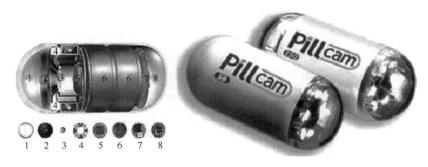

图 3.1 Given Image 公司研发的磁场驱动胶囊内镜

2007 年，韩国航空大学的 Lim 等人设计了一种仿尺蠖胶囊机器人[135,136]，如图 3.2 所示，其仍属于有缆机器人，在本体首末配有气室，中部是气管，气管能够伸长和缩短。在细小的管道中，机器人加大气压，使管道膨胀，实现机器人加速运动。研究结果表明，当管道半径为 8mm、通入气压为 2.0Pa 时，机器人可以提高速度到 50mm/s。外置的气管增加内部的压强，这种有缆驱动的方式将与胃肠道发生摩擦，患者感到不适。

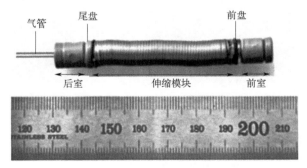

图 3.2 韩国航空大学设计的仿尺蠖机器人[135]

2009 年，意大利的 Dario 等人研制了一种 12 足微型机器人[137]。如图 3.3 所示，该机器人尺寸仅为ϕ11mm×27mm，由电机控制腿部的张合运动，具有较强的作用力，可在复杂、光滑的管道中运动，也可实现垂直肠道内的运动。然而该机器人通过外部线缆驱动，使机器人在运动中受到一定限制。

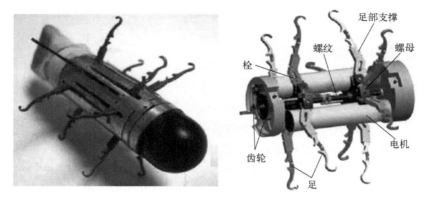

图 3.3　Dario 等人设计的 12 足微型机器人[137]

2012 年，卡内基梅隆大学的 Yim 和 Sitti 设计了一种由外部磁场驱动的软机器人[138]。如图 3.4 所示，该机器人长度为 30~40mm，由软材料制成，降低了对人体的潜在损伤。通过外部磁场控制，可使机器人轴向收缩，实现定点施药和活检。2014 年，该团队开发了机器人活检平台。机器人内部安装大量的热敏感微型夹持装置，在需要检查的部位释放，自动闭合回收。该装置可释放高弹性膜，膜表面覆盖硅油，利用其附着力实现收集样本的功能。

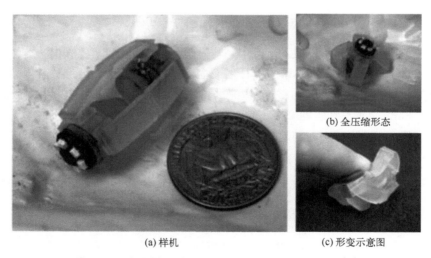

(a) 样机　　　　(b) 全压缩形态　　(c) 形变示意图

图 3.4　卡内基梅隆大学 Yim 和 Sitti 设计的软微型机器人[138]

2016 年，上海交通大学的颜国政等人研制出一款电力驱动的仿尺蠖微型机器人[139]。如图 3.5 所示，该机器人在 13mm×42mm 的范围内装配有摄像头、尺蠖原理机构、3D 接收线圈和控制模块。通过改变外部传递线圈产生的磁场，医生可以实现对机器人的运动控制，使其定点停动并施放药物。摄像头以 30 帧/s 的速率回传图像。该机器人的性能得到验证。

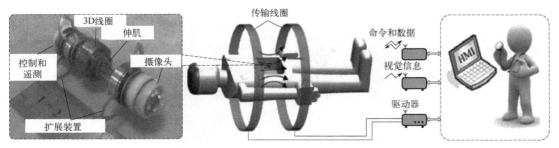

图 3.5　颜国政等人设计的仿尺蠖微型机器人[139]

　　一些商业化公司也对微型机器人开展了不同程度的研究，其中，重庆金山公司于 2004 年研制出的 OMOM 无线胶囊内窥镜是国内首创（图 3.6）。在胶囊内窥镜内的微型摄像头可以采集胃肠道信息，拍摄频率可由外部控制。该产品已经在临床检查中得到应用。

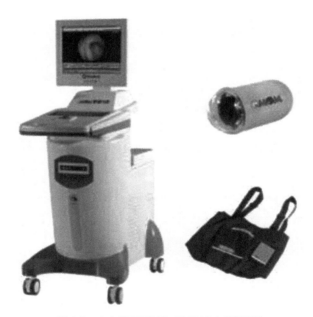

图 3.6　金山公司研制的 OMOM 内窥镜系统

　　上海安翰医疗技术有限公司研发的 NaviCam 磁控胶囊胃镜系统机器人可以对胃部进行精确诊察，无须麻醉，诊查过程无任何不适感（图 3.7）。此系统已经取得国家药品监督管理局（National Medical Products Administration，NMPA）核发的"磁控胶囊胃镜系统"三类医疗器械注册证，为早期胃部癌症检查带来更便捷的技术方案。发表于 2016 年 9 月的 *Clinical Gastroenterology and Hepatology* 期刊上文章表明，磁控胶囊胃镜系统准确性和电子胃镜的一致性超过 92%。

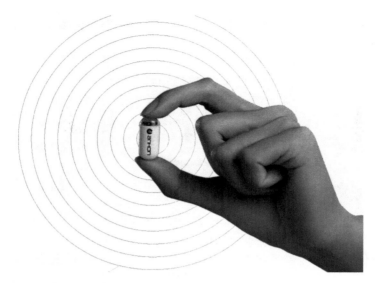

图 3.7　安翰公司研制的 NaviCam 磁控胶囊胃镜系统机器人

3.2.2　螺旋推进微型胶囊机器人研究现状

　　1996 年，日本东京大学的 Honda 等人首次提出了螺旋推动微型机器人的结构[140]。如图 3.8 所示，该结构只由两部分构成：磁性头部和铜制螺旋丝的尾部。头部的磁性材料是钐钴磁铁（SmCo），为 1mm³ 的小正方体。尾部螺旋丝直径为 1mm，总长度为 21.7mm。外加旋转磁场的控制下，机器人头部随磁场变化而旋转，带动尾部旋转，产生推动力。此时的机器人可以视为低雷诺数液体中的运动。

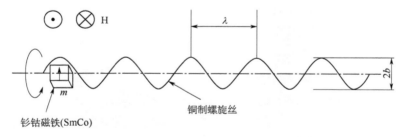

图 3.8　Honda 等人提出的螺旋机器人结构[140]

　　2007 年，苏黎世联邦理工学院研制了一种螺旋机器人，如图 3.9 所示，该机器人的尺寸与大肠杆菌相似，自此，"人工细菌鞭毛（Artificial Bacterial Flagella，ABF）"问世。该微型机器人结构简单，本体是螺旋结构，头部有方盘。方盘加工使用了三层磁性材料，分别是铬、镍和铜。螺旋加工使用镓砷/铟镓砷双层材料。整个机器人长约 38μm，可在水中和石蜡中运动。近年来，温度敏感型 ABF 被提出，其运动控制研究也得到广泛关注[141,142]。

　　哈佛大学罗兰研究所和法国光子学与纳米结构实验室验证了螺旋纳米带的强驱动特性。如图 3.10 所示，螺旋纳米带也由两部分构成，分别是螺旋本体和管状头部，本体末端含有铁磁金属层，纳米带长度约为 74μm。在电渗透驱动下，其运动速度可以提高到每秒 24 个身长[143]。

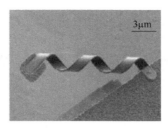

图 3.9　苏黎世联邦理工学院的人工细菌鞭毛[141]

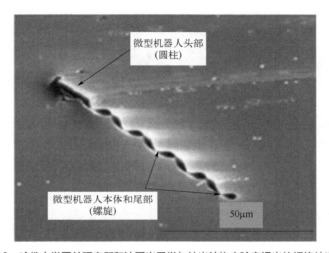

图 3.10　哈佛大学罗兰研究所和法国光子学与纳米结构实验室提出的螺旋纳米带[143]

　　人造玻璃磁纳米结构螺旋机器人由哈佛大学于 2009 年提出，如图 3.11 所示，该机器人使用掠角沉淀方式加工而成，长度约为 2μm，头部和尾部的表层都加有磁性材料。机器人速度可达每秒 29 个身长，由 6mT 旋转磁场驱动[144]。

　　南京航空航天大学的王鹏设计了一种仿细菌的介入机器人[145]。如图 3.12 所示，机器人尾部以三根刚性鞭毛为推进器，配合电机的转向，控制机器人运动。该研究建立了机器人动力学模型，求解了最优弯折点和弯折角。在验证过程中使用陀螺仪进行位姿检测，达到了闭环控制的效果。

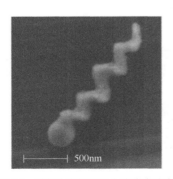

图 3.11　哈佛大学提出的人造玻璃磁纳米
结构螺旋机器人[144]

图 3.12　南京航空航天大学王鹏设计的介入机器人[145]

2009 年至今，大连理工大学的张永顺等人致力于可变径胶囊机器人的研究[146]。该机器人由外部磁场控制管内机器人同步旋转，产生的流体压力作为机器人前进的推动力（图 3.13）。在不同半径和转速下，机器人瓦片可改变张开和闭合的程度，实现半径的改变。但是在低速旋转时半径不易变化，限制了其使用范围。后来，该团队又提出了花瓣型机器人结构[147,148]。该机器人由三轴亥姆赫兹线圈驱动，因为线圈可以产生空间内任意方向的磁场，胶囊的灵活性得到很大改善。花瓣的廓形直接影响到驱动性能，故该团队在此基础上提出高次曲线廓形胶囊机器人[149,150]。

(a) 可变径胶囊机器人   (b) 花瓣型胶囊机器人

图 3.13　张永顺等人提出的可变径胶囊机器人[146]和花瓣型胶囊机器人[147]

2010 年，日本香川大学的郭书祥团队研制了一款利用磁场无线驱动的鱼形微小管道机器人[151]。如图 3.14 所示，该机器人直径 40mm，长约 45mm，通过磁场改变机器人尾部的摆动幅度和频率，实现机器人运动控制。尾部最大摆动量为 3.7mm。此后，该团队还研究过螺纹型微型机器人[152]。2015 年以来，该团队又研制出磁驱动的螺旋桨推动螺纹机器人。该机器人由机身的外螺纹和末端的喷射口组成，具有自身旋转和螺旋桨推送两种作用力，喷口环绕于螺旋桨四周，可以减少对肠道的损伤。论文中论证了在其他条件相同时，矩形螺旋槽比圆柱形螺旋槽可以提供更大的推进力[153]。

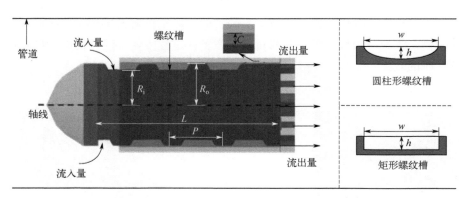

图 3.14　郭书祥团队设计的螺旋喷口式微型机器人[153]

综合国内外关于螺旋机器人结构设计的研究可以看出，现阶段的螺旋结构机器人多是在纳米尺度或厘米尺度，毫米级的研究较少。机器人的永磁体也多位于头部，以头部带动尾部螺旋运动。螺旋结构的参数对机器人运动特性有较大的影响，为了实现更加灵活的控制，应对其参数进行进一步研究。

3.2.3　模块化胶囊机器人国内外研究现状

2008 年，Nagy 等人提出了一种利用永磁体在机器人接触面上形成特殊装配结构的方法，该种方法可以装配模块为蛇形机器人[154]。如图 3.15 所示，每个模块直径 9mm，长度为 7mm 或 9mm。磁体有三种排列形式：平行、垂直和反向平行。这种方法形成的蛇形机器人可以适应人体消化道内的弯曲环境，但是准确配准永磁体的概率有待提高。

图 3.15　模块配准机器人（长型）[154]

2009 年，东京大学的 Harada 等人提出了模块化手术机器人的概念。一年后，该团队设计了一种介入人体胃肠道的模块化机器人系统，如图 3.16 所示，这些模块进入胃部，可以实现结构重组，在肠道内则以链状结构运动[155,156]。整个机器人系统包含结构模块和活体组织检验模块，在结构模块内部，装载了控制器、无刷直流电机、电池等部件，活体检验模块除了上述部件外还带有抓取机构。目前，该系统在三维仿真条件下验证了其组合后的有效性，但未对组合过程给出验证。

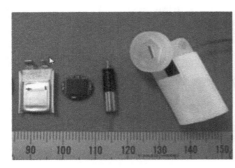

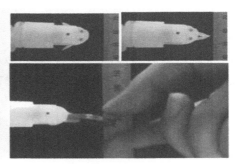

(a) 结构模块　　　　　　　　　　　　　(b) 活组织检查模块

图 3.16　Harada 等人设计的结构模块和活组织检查模块[155]

2013 年，韩国科学技术研究院的 Kim 等人研制了一种多模块机器人系统[157,158]。如图 3.17 所示，该系统内多个机器人通过永磁体实现自由组合，从而可以具备多种功能，如仿尺蠖运动和能量供给。截至 2015 年，该团队已研制成功 4 个模块的多机器人系统，包括旋转运动和视觉信息传递模块。但是实现对接只能在 10mm 范围内完成，控制多模块动作时，其协调性有待提高。

在国内，大连理工大学在 2010—2011 年对多个胶囊机器人的启动频率与机器人结构的关系进行了分析和优化[159]，但并未研究多个机器人的协同过程，未对多个机器人在同一磁场下的控制进行验证[160]。天津理工大学近年来致力于磁控机器人研究[161]，并在 2017 年对胶囊机器人的模块化进行了试验研究（图 3.18），实现了两个主从机器人的对接和分离[162]。但是该系统下的机器人只能同时相对或相向运动，并未实现对每个机器人的独立控制，运动形式单一，无法满足实际需求。

图 3.17　Kim 等人研制的模块化微型机器人[157]

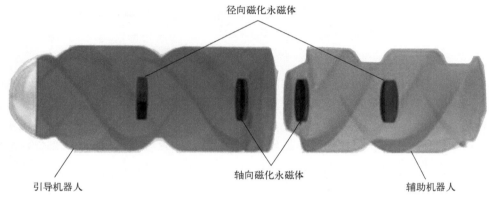

图 3.18　天津理工大学设计的模块化微型机器人[162]

　　综上，可以看出，国内外对于微型医用机器人的模块化研究起步较晚，是近几年新兴的研究方向。国外研制的微型机器人多以电力驱动，在体内运动时能源供给将是重要问题，且机器人内部集成有复杂的机械结构，尺寸较大，控制复杂。国内的研究虽然采用磁场驱动，克服了能源供给的困难，但是对模块化机器人整体的运动方式和配合过程缺乏系统性研究，只实现了单一的启动、接触和分离功能。

3.3
模块化微型胶囊机器人系统设计

　　传统的消化道疾病诊疗借助内窥镜完成，在诊疗过程中，医生将柔性材料制成的内窥镜管道从口腔或肛门伸入人体，诊疗过程中推、拉内窥镜，探测体内环境。传统的内窥镜治疗具有一些弊端，如探测范围有限、摩擦人体腔道、患者忍受不适感等。目前，很多医疗公司研发胶囊机器人代替内窥镜进行消化道内的检查，如以色列的 Given Image 公司，国内的重庆金山公司和上海安翰公司，也取得了突出的研究进展，将胶囊机器人应用于临床，进行消化道疾病的检查。

尽管目前的胶囊机器人商业化取得了显著进展，不少医院和体检中心都利用这种无痛、无创、无麻醉的方式为患者进行消化道检查，但是国内外罕有报道同时服用多个机器人进行更复杂诊疗任务的治疗方案，完成如定点药物释放、靶向治疗、体内多机器人实施手术等。

本节中，将阐述模块化微型胶囊机器人系统的概念，并介绍该机器人系统在实际应用中的诊疗过程。为了满足体内机器人的能源供给要求，采用磁场驱动的方式引导机器人运动，本节将介绍磁场发生装置的设计和与机器人的相互作用原理。机器人的推进结构确定后，机器人加工材料要安全、符合材料力学原理。本节对螺纹型机器人和螺旋桨型机器人的结构、加工方法和材料选择进行了阐述。

3.3.1　模块化微型胶囊机器人系统概念及总体设计方案

微型胶囊机器人在微创诊疗领域具有广阔的应用前景。机器人可以实现靶向施用药物，实施局部放射治疗、热疗；在胃肠道疾病中，取代内窥镜完成消化道的无痛检查；进行眼内、血管内、内耳等器官的微创手术。

尽管单个微型胶囊机器人在运动机理和控制策略上取得了长足的发展，商用的胶囊内窥镜也得到实际应用，但是在临床应用中，单个微型胶囊机器人仍有很大的弊端。一方面，由于可吞服微型机器人固有的尺寸限制，单独的微型胶囊机器人难以携带足够的传感器和机械装置，导致其缺乏功能的多样性。因此，商业微型机器人目前只是取代了内窥镜进行人体腔道内的检查，但是不能满足活组织检查和手术的需要。另一方面，由于人体腔道很多地方弯曲且狭窄，复杂结构的机器人在这些位置的灵活性受到极大约束，与腔道组织有效交互和顺利通过面临极大的挑战，给患者安全埋下隐患。因此，人体介入的微型机器人要尽可能地减少尺寸、简化结构，通过多个机器人的分工协作实现功能多样性，完成复杂医疗任务。

本书提出的模块化机器人，即多个机器人各自具有不同的简单结构和功能，在医疗应用中通过重组形成新的复杂结构，多机协作实现复杂功能，满足临床应用的要求。每个机器人在任务中运动到特定的位置，完成特定的动作，任务结束后互相分离，重新成为独立个体，沿腔道离开人体。

下面以消化道内的模块化机器人为例，详细阐述其临床应用流程。

步骤一：在吞服微型机器人之前，患者饮用适量的药液或者水。本书提出的微型胶囊机器人在液体环境内旋转，靠水的推力前进或后退，这样保证了机器人浸没在液体环境内，获得足够的推力。同时，液体可以对人体腔道起到润滑作用，更有利于机器人通过狭窄区域。饮用了足够的液体后，医生为患者选择必要的模块机器人，患者按照医生指导的顺序吞服。医生通过控制患者周围的磁场，将这些模块化机器人送到病灶位置。

步骤二：机器人到达病灶位置后，医生按照次序依次控制模块机器人的位置和姿态，机器人对接形成新的整体结构。在医生控制下，这些机器人聚集、重组、变换为不同结构，发挥各自的作用，完成定点药物释放、定向治疗、活组织取样等复杂任务，实时向外界传输腔道内环境信息和机器人信息。

步骤三：在治疗结束后，完整的结构被分解，所有的机器人彼此分离。医生按照顺序驱动每个机器人通过消化道，最终各机器人从肛门离开人体。

整个治疗过程如示意图 3.19 所示。

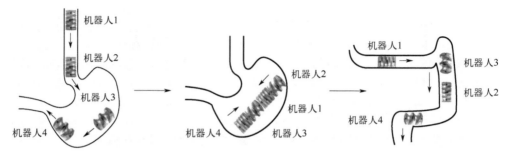

图 3.19 模块化微型胶囊机器人治疗流程

各国研究的微型胶囊机器人安装驱动方案大致分为两种。一种依靠机器人自身负载的内部驱动，如形状记忆合金驱动器、仿生蚯蚓或尺蠖驱动结构、仿生爬行结构、压电微驱动器等。这些驱动器精密而复杂，对能量供给要求比较高，基本上只是在实验室研究阶段。另一种是通过磁场引导的机器人，这种机器人不仅在学术上研究较多，而且是最近几年商业化比较成功的案例。该类机器人不仅经过了体外试验[163]、动物试验、人体临床试验的全面验证，而且得到了批量化生产。2013 年，由安翰公司推出的 NaviCam 胶囊内窥镜已经获得批准，可以用于临床诊断，为全球首创。根据 7 个中心的 320 例临床对比研究表明，NaviCam 与传统内镜的总符合率达到 92%以上，特别是在小肠和结肠的检查中，甚至超过了被动胶囊内镜与传统内镜的符合率。

与内部驱动方式相比，磁场驱动方式更适用于微型胶囊机器人：一方面内部驱动的机器人机械结构复杂，不适用于狭窄的人体腔道；另一方面内部驱动需要机器人自身携带能源装置，微型机器人负载能力有限，一旦能源耗尽滞留体内，会存在极大的安全隐患。本书中设计的模块化机器人系统也将利用磁场驱动方式来实现对机器人的主动控制。

模块化微型胶囊机器人系统的结构由医生控制端和机器人驱动端两部分组成。系统的医生控制端为控制部分，机器人驱动端为机器人运动部分。医生控制端由医生操作，可以向机器人驱动端发送控制信号，医生通过操作手柄或其他控制器将控制信息发送到机器人驱动端。医生控制端还可以接收机器人驱动端返回的图像信息和位置信息，为医生下一步的控制动作提供参考。机器人驱动端由机器人驱动端控制器和磁场发生装置组成，患者在治疗过程中平躺在床上，身体处于磁场内。机器人驱动端控制器接收医生控制端信号并调整患者外围电磁场，改变磁场的方向和频率，以此来改变任意一个机器人在人体内的运动状态（速度及方向）。在人体外周，基于磁场变化的位置传感器可以获得机器人的位置信息，机器人本身的摄像头可以获取人体内部的图像信息，这些信息融合后通过网络传回医生控制端。在治疗过程中，机器人驱动端即时通信，确保医生实时掌握机器人位姿，调整机器人组合方式，使机器人顺次完成各自功能，保障治疗的顺利进行。模块化微型胶囊机器人系统的示意图如图 3.20 所示。

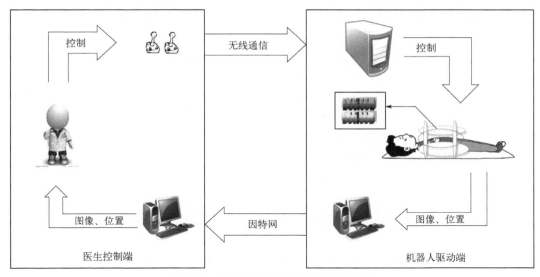

图 3.20　模块化微型胶囊机器人系统示意图

在未来的临床应用中，模块化微型胶囊机器人系统的实际意义体现在以下几个方面：

① 具有完备的诊疗功能。突破单个机器人功能的局限性，通过多个机器人的重组和配合，完成手术、定点药物释放、活组织取样等复杂医疗任务。

② 实现遥操作。机器人的运动由患者外围的磁场驱动，医生仅需要操作控制台，向电磁线圈发送不同的信号指令即可实现对患者的检查和治疗，打破了地域约束。

③ 实现靶点治疗。微型胶囊机器人的尺寸小，直接进入人体内，准确到达病灶部位，完成诊疗操作。在这个过程中，给患者带来的创伤最少，对患处进行最直接的治疗，缩短了治疗时间，减轻了患者痛苦。

3.3.2　驱动平台设计及仿真

（1）亥姆赫兹线圈原理

亥姆赫兹线圈能够在其中心轴线位置产生磁场均匀区，常被用作磁场发生装置。亥姆赫兹线圈由一对平行且共轴的线圈组成，两个线圈大小、形状一致，两个线圈上的电流大小相同且同向，它可以在公共轴的中心产生一定范围的均匀磁场。常见的亥姆赫兹线圈有圆形和方形线圈两种，本书中采用方形线圈设计机器人外围磁场。

根据毕奥-萨伐尔定律（Biot-Savart law），在方形亥姆赫兹线圈空间中定点 M 的磁场强度为[164]

$$B = \frac{\mu_0 I}{4\pi d}(\cos\theta_1 - \cos\theta_2) \tag{3.1}$$

式中，$\mu_0 = 4\pi\times10^{-7}\mathrm{N/A}^2$，是真空磁导率；$I$ 为线圈上的电流大小；θ_1、θ_2 为导线两端点与 M 点连线所形成的角度；d 为点 M 到导线的距离。

在一个边长为 $2l$ 的正方形亥姆赫兹线圈内，通过强度为 I 的电流，选择线圈的中心为原点，建立空间内的直角坐标系。设点 M 位于其产生的均匀磁场内，点 M 的坐标为 (x, y, z)，

其在 xOy 平面的投影为点 M'，点 M' 在边 AB 上的垂足为 N。点 M 与线圈的位置示意图如图 3.21 所示。

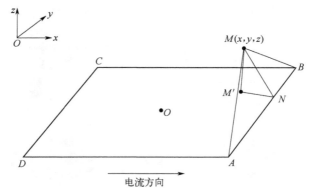

图 3.21 磁场内定点 M 与线圈位置关系示意图

从图中可计算得出如下几何关系：

$$d = \overline{MN} = \sqrt{(l-x)^2 + z^2} \tag{3.2}$$

$$\cos\theta_1 = \cos\angle MAN = \frac{\overline{AN}}{AM} = \frac{l+y}{\sqrt{(l-x)^2 + (l+y)^2 + z^2}} \tag{3.3}$$

$$\cos\theta_2 = -\cos\angle MBN = -\frac{\overline{BN}}{BM} = -\frac{l-y}{\sqrt{(l-x)^2 + (l-y)^2 + z^2}} \tag{3.4}$$

将式（3.2）～式（3.4）代入式（3.1）中，可得 AB 段线圈的磁场强度为

$$B_{AB} = \frac{\mu_0}{4\pi\sqrt{(l-x)^2 + z^2}}\left[\frac{l+y}{\sqrt{(l-x)^2 + (l+y)^2 + z^2}} + \frac{l-y}{\sqrt{(l-x)^2 + (l-y)^2 + z^2}}\right] \tag{3.5}$$

AB 段线圈以其中心导线为轴产生磁场，由右手螺旋法则可知，磁场平面与 xOz 平面平行，y 轴垂直于两个平面。设 AB 段线圈的磁场强度为 B_{AB}，由图 3.21 几何关系可知，B_{AB} 与 x 轴正方向所成角度为 $\angle NMM'$，与 z 轴所成角度为 $\angle MNM'$，故可得 B_{AB} 在 x 轴与 z 轴产生的磁场强度分量分别为

$$B_{ABx} = B_{AB}\cos\angle NMM' = B_{AB}\frac{\overline{MM'}}{MN} = B_{AB}\frac{z}{\sqrt{(l-x)^2 + z^2}}$$
$$= \frac{\mu_0 Iz}{4\pi\left[(l-x)^2 + z^2\right]}\left[\frac{l+y}{\sqrt{(l-x)^2 + (l+y)^2 + z^2}} + \frac{l-y}{\sqrt{(l-x)^2 + (l-y)^2 + z^2}}\right] \tag{3.6}$$

$$B_{ABz} = B_{AB}\cos\angle MNM' = B_{AB}\frac{\overline{M'N}}{MN} = B_{AB}\frac{l-x}{\sqrt{(l-x)^2 + z^2}}$$
$$= \frac{\mu_0 I(l-x)}{4\pi\left[(l-x)^2 + z^2\right]}\left[\frac{l+y}{\sqrt{(l-x)^2 + (l+y)^2 + z^2}} + \frac{l-y}{\sqrt{(l-x)^2 + (l-y)^2 + z^2}}\right] \tag{3.7}$$

由于 AB 段线圈垂直于 y 轴，B_{AB} 在 y 轴的磁场强度分量为 0。

在正方形线圈的其他三边处，应用以上方法可求每段导线的载流在 M 点产生的磁场强度 B_{BC}、B_{CD}、B_{DA} 和其在坐标系内三个坐标轴方向上的磁场强度。经计算，正方形线圈在 M 点处三个方向的磁场强度分量分别如下：

$$B_x = B_{ABx} + B_{BCx} + B_{CDx} + B_{DAx}$$
$$= \frac{\mu_0 Iz}{4\pi\left[(l-x)^2 + z^2\right]}\left[\frac{l+y}{\sqrt{(l-x)^2+(l+y)^2+z^2}} + \frac{l-y}{\sqrt{(l-x)^2+(l-y)^2+z^2}}\right] \quad (3.8)$$
$$- \frac{\mu_0 Iz}{4\pi\left[(l+x)^2 + z^2\right]}\left[\frac{l-y}{\sqrt{(l+x)^2+(l-y)^2+z^2}} + \frac{l-y}{\sqrt{(l+x)^2+(l+y)^2+z^2}}\right]$$

$$B_y = B_{ABy} + B_{BCy} + B_{CDy} + B_{DAy}$$
$$= \frac{\mu_0 Iz}{4\pi\left[(l-y)^2 + z^2\right]}\left[\frac{l-x}{\sqrt{(l-x)^2+(l-y)^2+z^2}} + \frac{l+x}{\sqrt{(l+x)^2+(l-y)^2+z^2}}\right] \quad (3.9)$$
$$- \frac{\mu_0 Iz}{4\pi\left[(l+y)^2 + z^2\right]}\left[\frac{l+x}{\sqrt{(l+x)^2+(l+y)^2+z^2}} + \frac{l-x}{\sqrt{(l-x)^2+(l+y)^2+z^2}}\right]$$

$$B_z = B_{ABz} + B_{BCz} + B_{CDz} + B_{DAz} = \frac{\mu_0 I}{4\pi}$$
$$\times \left\{ \frac{l-x}{\left[(l-x)^2 + z^2\right]}\left[\frac{l+y}{\sqrt{(l-x)^2+(l+y)^2+z^2}} + \frac{l-y}{\sqrt{(l-x)^2+(l-y)^2+z^2}}\right] \right.$$
$$+ \frac{l+x}{(l+x)^2 + z^2}\left[\frac{l-y}{\sqrt{(l+x)^2+(l-y)^2+z^2}} + \frac{l-y}{\sqrt{(l+x)^2+(l+y)^2+z^2}}\right] \quad (3.10)$$
$$+ \frac{l+y}{(l+y)^2 + z^2}\left[\frac{l+x}{\sqrt{(l+x)^2+(l+y)^2+z^2}} + \frac{l-x}{\sqrt{(l-x)^2+(l+y)^2+z^2}}\right]$$
$$\left. + \frac{l-y}{(l-y)^2 + z^2}\left[\frac{l-x}{\sqrt{(l-x)^2+(l-y)^2+z^2}} + \frac{l+x}{\sqrt{(l+x)^2+(l-y)^2+z^2}}\right] \right\}$$

方形亥姆赫兹线圈由两个大小相同的正方形线圈共轴平行放置，其上均通以同向、同幅值的电流 I，假设一对符合要求的线圈间距为 $2a$，取两线圈中轴线的交点为原点，建立空间直角坐标系。因线圈产生的磁场在两线圈所围正方体区域外的部分十分复杂，故只分析正方体内的磁场。由线圈的对称性可知，在正方体内、轴线以外的任意一点，两线圈产生的磁场抵消分量 B_x、B_y 远小于 B_z。故在此忽略 B_x、B_y 的磁场分量，对 B_z 分量进行研究。

在线圈围成的正方体内，轴心以外取点 (x, y, z)，在 B_z 分量上的均匀度用该点处 z 轴磁场强度分量 $B_z(x, y, z)$ 和轴心处的磁场强度分量 $B_z(0, 0, 0)$ 的相对偏差表示：

$$\delta = \left|\frac{B_z(x,y,z) - B_z(0,0,0)}{B_z(0,0,0)}\right| \quad (3.11)$$

式中，δ 代表磁场的偏差率，磁场的均匀度随 δ 的减小而升高。轴心处的均匀度最高，随着距离远离轴心，均匀度逐渐下降。

单匝正方形亥姆赫兹线圈在中心处产生的磁场强度 B_0 为

$$B_0 = 0.6481\frac{\mu_0 I}{l} \tag{3.12}$$

由式（3.12）可知，线圈产生的磁场强度与匝数呈正相关关系，因而可以通过增加线圈匝数得到足够大的磁场强度。

磁场强度满足矢量叠加原理，空间范围内的磁场由三组亥姆赫兹线圈产生，实际加工中，每组线圈的边长各不相同，在空间中产生的磁场强度的矢量和为

$$\boldsymbol{B} = \boldsymbol{B}_x + \boldsymbol{B}_y + \boldsymbol{B}_z = 0.6481\mu_0 N\left(\frac{I_x}{l_x}\boldsymbol{i} + \frac{I_y}{l_y}\boldsymbol{j} + \frac{I_z}{l_z}\boldsymbol{k}\right) \tag{3.13}$$

式中，I_x、I_y、I_z 是三组亥姆赫兹线圈上的载流幅值，l_x、l_y、l_z 是三个线圈边长的一半，$\boldsymbol{i}$、$\boldsymbol{j}$、$\boldsymbol{k}$ 为空间坐标系下的单位矢量。

三对亥姆赫兹线圈按照由内到外边长增加的方式嵌套安装，均匀区位于最内层线圈的中心区域。本书设计了如图 3.22 所示的正方形三维亥姆赫兹线圈。

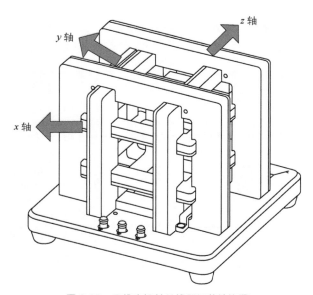

图 3.22 三维亥姆赫兹线圈组装结构图

为保证一定范围内的磁场强度，最内层线圈边长既不能过大也不能过小。边长过大则不能满足均匀区的均匀度要求，导致中心区域以外的很大空间相对偏差过大；边长过小虽然保证了均匀度，但是机器人可以运动的空间范围太小。亥姆赫兹边长和均匀度要综合考虑，在保证均匀度满足要求的前提下加大机器人运动空间。综合考虑以上因素和加工难度，线圈的加工参数[165]如表 3.1 所示。

Ansoft Maxwell 是一种经典的电磁仿真软件。为了验证三维亥姆赫兹线圈设计的有效

性，本书利用 Ansoft Maxwell 对线圈产生的磁场进行了仿真。当三对亥姆赫兹线圈通以 5A 的电流时，在边长为 50mm 的立方体区域内形成的磁场均匀区，此时均匀区内磁场强度为 116 高斯左右。仿真结果如图 3.23 所示。

表 3.1　三维亥姆赫兹加工参数

属性	x 轴	y 轴	z 轴
边长/cm	18	22	26
线圈匝数	500	620	740
磁场强度/(A/m)	3880.9	3880.9	3880.9
导线直径/mm	1.25	1.25	1.25
导线材料	铜	铜	铜

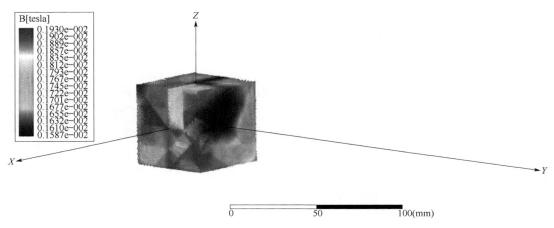

图 3.23　三维亥姆赫兹线圈磁场均匀区仿真图

（2）机器人在磁场下旋转原理

在外加旋转磁场下，机器人内部的永磁体受到磁场力的驱动，带动机器人本体在磁场内旋转。如果磁场持续匀速旋转，机器人将跟随磁场同步旋转。本书以平面内旋转磁场的产生为例，分析控制电流的变化和永磁体的旋转过程。

平面内的旋转磁场使机器人受到平面内的磁场力，机器人绕自身轴线旋转，进行直线运动。将含有径向充磁永磁体的机器人放入磁场均匀区内，当线圈内没有电流时，线圈不产生磁场，机器人保持静止。线圈通电后，产生电磁场，此时永磁体开始转动，使自身磁极与电磁场磁极对正，按照异名磁极相吸引的原则，保持永磁体磁极的 N、S 极和电磁场的 S、N 极相对应[159]。如果外磁场电流不再改变，永磁体和外磁场的对正状态不变，二者保持磁极对应关系，不发生旋转。该状态如图 3.24 所示。

当线圈中的电流变化时，线圈周围的电磁场也随之改变。正弦电流可以产生方向变化的电磁场，此时永磁体和电磁场磁极间产生夹角，如果永磁体不旋转，夹角逐渐增加。由于机器人在周向没有约束，永磁体可以跟随电磁场发生转动，趋势是减少永磁体和电磁场之间的相对夹角。这个使永磁体跟随电磁场旋转的力矩，保证永磁体跟随电磁场磁极变化，从而驱动机器人旋转。永磁体和电磁场磁极间夹角如图 3.25 所示。

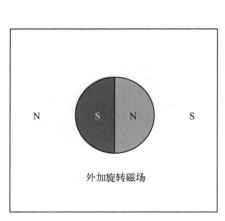

图 3.24　恒定电磁场与永磁体磁极对应关系

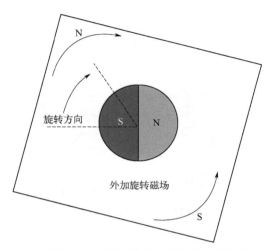

图 3.25　旋转电磁场与永磁体磁极对应关系图

如果以垂直于机器人轴线的方向作为旋转磁场的旋转面，假设机器人沿 y 轴运动，使用亥姆赫兹线圈的 x 轴、z 轴线圈产生磁场，画出如图 3.25 所示的旋转磁场示意图。

机器人处于均匀的磁场内，永磁体所在平面即为旋转磁场平面。两对亥姆赫兹线圈中通以强度相同的正弦电流，电流间的相位差分别为 $\pi/2$ 和 $3\pi/2$。如图 3.26 所示，当相位差为 $\pi/2$ 时，永磁体旋转方向如灰色箭头所示，以每 $T/4$ 为时间间隔，两组电流在每个时间间隔结束时刻分别达到最大强度和 0A，电流方向交替改变，保证永磁体的旋转可以随磁场变化进行下去[166]。同理，当相位差为 $3\pi/2$ 时，永磁体旋转方向与黄色箭头相反，运动方向也与之前相反。

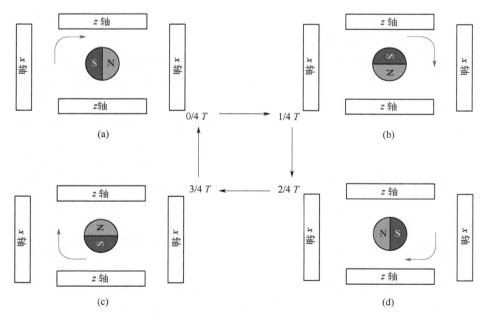

图 3.26　一个周期内永磁体旋转示意图

3.3.3　微型胶囊机器人旋转运动机理研究

在使用微型机器人进行治疗前，患者大量饮水后吞服机器人，可以在胃肠道形成液体环境，给微型胶囊机器人的运动创造充足的液体空间。磁场驱动的机器人在液体环境下通过旋转与周围液体发生相互作用，液体可以给机器人提供充分的推动力。机器人自身沿中心轴旋转，产生沿轴向前进或后退的运动。

磁驱动的机器人本体中嵌入永磁体，永磁体在随磁场磁极夹角的改变而旋转时带动机器人本体旋转。永磁体运动学模型可以由以下公式建立：

$$F_m = V_m(\boldsymbol{M} \cdot \nabla) \times \boldsymbol{B} \tag{3.14}$$

$$M_m = V_m\boldsymbol{M} \times \boldsymbol{B} \tag{3.15}$$

式中，V_m 为永磁体的体积，$\boldsymbol{M}$ 为永磁体的磁化强度，$\boldsymbol{B}$ 为磁场强度，∇ 为梯度算子。由以上两个公式可以分别计算出永磁体所受的磁场力和磁力矩。

永磁体所受的磁场力和永磁体自身属性密不可分。为使永磁体获得尽可能大的磁力，应选择磁性较强的永磁体。在众多的永久磁体中，钕铁硼是目前常温下具有最强磁力的一种。其牌号为 N35～N52。由于钕铁硼表面容易生锈，通常需要在表面进行电镀处理，镍、锌、金都是常见的镀层材料。普通的钕铁硼磁体可以适用在 80℃以下的环境中，在医疗领域，钕铁硼在物理磁疗、核磁共振仪等方面具有广泛的应用价值。

在本书中，为使机器人跟随磁场旋转，采用了径向充磁的钕铁硼永磁体，牌号为 N50，嵌入机器人本体的中心位置。该类永磁体被称为"驱动永磁体"。

此外，为使机器人产生对接等组合形式，本书在机器人首尾各嵌入了一枚"对接永磁体"。对接永磁体用于将两个靠近的机器人首尾连接，厚度方向充磁，牌号为 N35。

当 x、z 轴亥姆赫兹线圈通以幅值相同、相位差为 90°或 270°的正弦电流时，在空间内形成垂直于 y 轴的均匀旋转磁场，电磁场的磁极在一个周期内多次改变。位于均匀区内且平行于旋转平面的径向磁化的驱动永磁体为保持磁极与电磁场的相互吸引，在磁极夹角形成时开始旋转。在多个周期内，永磁体与电磁场保持同步旋转，机器人径向连续转动。

3.3.4　模块化微型胶囊机器人结构设计及加工

（1）螺纹型机器人结构

螺纹型机器人以其自身内或外部的螺纹作为动力来源，旋转时螺纹间的水与机器人相互作用，推动机器人前进。螺纹型机器人可以产生前后向的往复运动，螺旋泳动在胶囊液体环境中是一种有效的运动形式。

本书设计的螺纹型机器人结构如图 3.27 所示，机器人由螺纹本体、驱动永磁体、对接永磁体构成。螺纹本体分为左右两个部分，在其上有同旋向螺纹结构。左右两部分可以拼接为一体，拼接位置有内部凹槽，嵌入驱动永磁。机器人两端各有两个对接永磁体，也是通过首尾部的凹槽嵌入机器人本体内部。永磁体的装配方式如图 3.28 所示[167]。

机器人体内嵌入的机器人都是圆柱体，圆柱体永磁体按照磁化方式的不同可以分为轴向充磁与径向充磁。在机器人本体中嵌入的两种永磁体是不同的。驱动永磁体跟随空间内的旋转磁场同步旋转，磁极与电磁场磁极间的偏角形成旋转时的力矩，故采用径向充磁方式；对接永磁体在机器人首末两端，当两个机器人靠近时，利用对接永磁体的吸引力使两个机器人表面互相接触，故采用了轴向充磁的方式。两种充磁方式的示意图如图3.29所示。

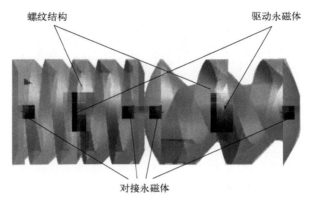

图3.27　螺纹型机器人结构

(a) 驱动永磁体装配　　　　　　　　　(b) 对接永磁体装配

图3.28　螺纹型机器人永磁体装配示意图

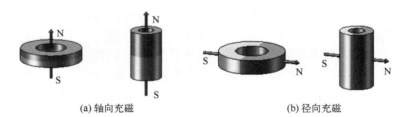

(a) 轴向充磁　　　　　　　　　(b) 径向充磁

图3.29　两种圆柱体永磁体充磁方式

由右手螺旋法则可知，机器人旋转方向和其直线运动方向具有如图3.30所示的关系：沿机器人轴向运动方向，机器人径向旋转方向向右。无论机器人前进或后退，都满足以上关系。故可以改变外磁场的旋转方向，来控制机器人的运动方向[168]。

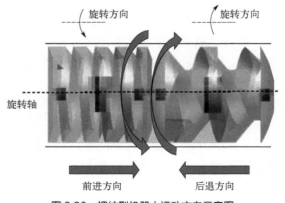

图3.30　螺纹型机器人运动方向示意图

（2）螺旋桨型胶囊机器人结构

螺旋桨型机器人以机器人本体装配的螺旋桨为动力装置，同样通过驱动永磁体旋转带动螺旋桨随之旋转并产生推动力，使机器人前进或后退。螺旋桨作为一种常见的推进装置，已被广泛应用于飞机、轮船的推进器。

　　本书中的螺旋桨型胶囊机器人结构如图 3.31 所示，机器人由本体、螺旋桨、驱动永磁体、对接永磁体构成。其中，机器人本体由两个完全相同的圆柱和圆台构成，圆台在运动中可以减小液体的阻力。螺旋桨以其中心处的圆环为几何中心，可以套在机器人本体的圆柱上，将左右两个机器人本体部件在中心轴线处衔接起来。在衔接位置，圆柱体内有凹槽，驱动永磁体嵌入其中。在机器人本体的圆台上，各有一个凹槽，用来嵌入对接永磁体。

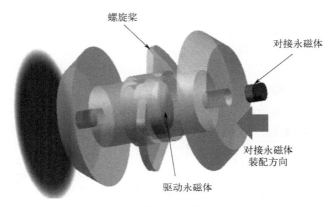

图 3.31　螺旋桨型胶囊机器人结构

　　机器人旋转方向和其直线运动方向具有如图 3.32 所示的关系[169]：沿机器人轴向运动方向，机器人径向旋转方向向右。无论机器人前进或后退，都满足以上关系。故可以改变外磁场的旋转方向，来控制机器人的运动方向。

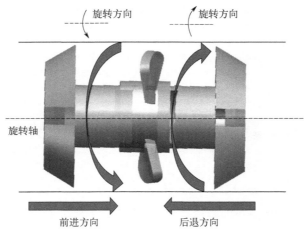

图 3.32　螺旋桨型机器人运动方向示意图

（3）机器人加工方法及材料选择

　　3D 打印技术是一种新兴的生产加工技术，该技术以几何设计为模板，采用增料的方式，可以制造出各种形状的三维模型。目前该技术已经在国内外有了广泛的应用，提高了生产加工效率。

本书提出的机器人通过 SolidWorks 软件制图设计，可以导出 3D 打印机直接可用的文件格式，使计算机指示 3D 打印机打印三维模型。随着 3D 打印技术的发展，现有的 3D 打印材料众多，可分为工程塑料、光敏树脂、金属材料、陶瓷材料、高分子材料等。为了选择合适的打印材料，满足医疗用机器人的实际需求，本书对比了常见的 3D 打印材料，分析其优势和不足，确定模块化微型机器人可用材料。

目前常见的 3D 打印材料有如下几种：尼龙材料、玻璃纤维尼龙、软胶和未来 8000 树脂。尼龙材料强度较高，韧性较好，但是打印的成品表面有明显颗粒感，较为粗糙。尺寸稳定性差，热收缩率高。玻璃纤维尼龙是由玻璃纤维和尼龙构成的混合材料，可以显著提高尼龙的稳定性，增加尼龙材料的强度，与此同时降低了材料的冲击强度，表面粗糙的特性依然没有得到改善。软胶具有较好的弹性，抗拉伸，抗撕裂，但是该材料可溶于大部分浓缩溶剂，不能长时间接触油品和氢氧化钠。

未来 8000 树脂是一种低黏度光敏树脂材料，表面光滑，具有防水、防湿特性，通过了 USP Class VI 和 ISO 10993 认证，可制作生物医疗器械。未来 8000 树脂的密度为 $1.2g/cm^3$，硬度为 79HD，拉伸强度为 35MPa，弹性模量为 2370～2650MPa，弯曲模量为 2178～2222MPa，吸水率为 0.4%，泊松比为 0.41，热变形温度为 46℃。

为了减少机器人与管壁之间的摩擦，要求机器人表面尽可能光滑，因此尼龙和玻纤尼龙不适合作为加工材料。机器人通过螺旋肋和螺旋桨与液体发生相对运动，需要材料有一定的硬度，不易在旋转过程中发生形变。此外，未来的实验中可能会用到甘油等有机溶剂，需要材料对不同液体环境具有较低的溶解度，因此软胶不适合加工机器人本体。

本书选择未来 8000 树脂作为机器人加工材料。因其表面光滑，可以减少与管壁的摩擦。密度略大于水，使机器人质量不至于过高。硬度、拉伸强度、弹性模量等参数符合推进装置的要求，吸水率较低，在液体下不易增重。热变形温度高于人体正常体温，正常使用不会发生形变。通过 USP Class VI 和 ISO 10993 认证可以进一步保障在医疗领域的使用安全性。结合机器人本体的结构参数设计，加工中使用了联泰 3D 打印机，可以对机器人进行差异化加工，且方便快捷。

3.4
模块化微型胶囊机器人模态分析及动力学模型建立

磁驱动机器人在外加电磁场的驱动下运动，具有适应磁场下运动的几何结构。本书设计的三维亥姆赫兹线圈可以为机器人运动提供均匀磁场，机器人在磁场内旋转前进是一种较为理想的运动形式，机器人的运动会更加顺滑，可控性好。而设计的机器人结构是否会在磁场频率下发生共振，需要用模态分析方法进行验证，本节结合材料属性对机器人推进结构进行了模态分析。在模态分析过程中，可以加入静力学求解项，直接得到机器人在旋转载荷下的应力和形变。由于机器人在旋转过程中要推动周围液体，利用液体的反作用力推动自身前进。本节最后结合机器人所处的流体环境，对螺纹结构和螺旋桨结构建立了动力学模型。

3.4.1　模块化微型胶囊机器人模态及静力学分析

（1）模态分析原理

模态主要反映物体固有的振动特性，固有频率、阻尼比和模态振型是各阶模态独特的反映形式。振动模态是弹性结构重要的属性特征，通过模态分析获取几何体在一定频率范围内的模态参数，可以预测几何体在有外部振源干扰下的实际响应。本书中，为了避免机器人驱动磁场等因素对其干扰，避免产生共振，在机器人几何结构和加工材料确定后，对其进行模态分析。

当振动为自由振动，且忽略系统阻尼时，运动方程为

$$M\{\ddot{s}\} + K\{s\} = \{0\} \tag{3.16}$$

式中，M、K 分别是系统的质量矩阵和刚度矩阵，s 是各集中质量位移。

当振动为简谐振动时，$s = U\sin(\omega t)$，代入式（3.16）可得

$$\left(K - \omega_i^2 M\right)\{s_i\} = 0 \tag{3.17}$$

对于结构的模态分析，特征值是固有圆周频率 ω_i，特征值对应的特征向量$\{s\}$是频率为$f = \omega_i/(2\pi)$下的振型，其中，i 在从 1 到自由度的数目范围内取值，模态分析的本质是对特征值和特征向量的求解。

本书所提出的机器人在磁场内轴向旋转，在有限元分析中需要添加不变载荷。载荷下产生的应力也会影响模态参数。在考虑载荷的同时，本书对机器人的受力状态进行了仿真分析。

（2）模态分析项及静力学求解项建立

在本书中，主要采用 ANSYS Workbench 17.0 进行有限元计算，求解螺纹结构和螺旋桨结构在固定载荷下的各阶主要模态。

步骤一：工程数据准备。材料非线性行为被忽略，可以使用各向异性材料及和温度相关的材料，刚度和质量是最为关键的输入数据，各向同性和各向异性弹性材料用以描述刚度这一属性，质量通过密度或远端质量描述。在材料的设置中，应包含弹性模量、泊松比和密度。本书采用未来 8000 树脂为材料，在材料库中预先添加好该材料，这三个参数分别为 2500MPa、0.41 和 1.05g/cm³。

步骤二：几何模型导入。实体、面体和线体都可以用来做模态分析，为分析推进结构的性能，本书仿真时只截取了螺纹上一个螺距的长度和螺旋桨的桨叶作为几何模型导入，螺距和螺旋桨几何结构与 3.6.1 节实验组二中机器人参数一致。部分几何结构的导入可以缩短计算时间，提高仿真效率。

步骤三：划分网格。网格划分的结果直接影响仿真的精度，为了提高网格划分质量，本书对网格加入了几何尺寸控制，设置网格尺寸为 0.5mm，对几何体进行体网格划分。选择自动划分方法，实现四面体与扫略型划分方式的自动切换。螺纹结构的网格中包含 107742 个节点和 72668 个网格单元；螺旋桨结构的网格中包含 14594 个节点和 8164 个网格单元。划分后，对网格质量进行了检查，本书仿真中划分的网格在单元质

量检验、纵横比、雅克比率、翘曲因子、最大转弯角等多个指标上都满足后续模态分析的需求。

步骤四：添加载荷与约束。本书对两种几何结构进行模态分析时，为其添加了圆柱面约束，该圆柱面是其旋转中心外周的圆柱面，是推进结构的中心表面孔位置，轴线与圆柱面无交点，在径向和轴向方向上，令其自由。同时，为几何体添加旋转载荷，以中心表面为旋转中心，设置旋转速度。根据磁场驱动频率范围，假设机器人可以在驱动频率为20Hz时跟随磁场同步旋转，转速设置为1200r/min。

步骤五：设置模态分析项及静力学求解项。模态分析设置可以指定计算数、求解类型、输出控制等，本书设置求解模态阶数为12阶，频率范围为默认，无阻尼，求解器类型为程序自动控制，可以使程序自动选择直接法或者迭代法。在分析树中加入整体形变和应力求解项，用以反映形变和应力结果。

步骤六：模型求解。以上求解项设置完成后，可以利用工具箱中的求解功能自动求解。

步骤七：后处理。模态分析求解结束后，可以选择和限制阶次，以及根据自己的需要显示每个结果。

（3）模态分析及静力学求解结果

模态分析可以直接得到模型的固有频率，表 3.2 中记录了螺纹型结构在加入旋转载荷时的固有频率。

表3.2 螺纹型结构固有频率求解结果

阶次	频率/Hz	阶次	频率/Hz	阶次	频率/Hz
1 阶	0	5 阶	6.38×10^{-3}	9 阶	6978.4
2 阶	0	6 阶	9.10×10^{-3}	10 阶	9950.3
3 阶	1.54×10^{-3}	7 阶	3603	11 阶	11087
4 阶	3.84×10^{-3}	8 阶	4574.7	12 阶	14613

从表 3.2 中可以看出，螺纹型结构在旋转状态下的前 6 阶固有频率是 0 左右，因为前 6 阶是刚体模态。7 阶固有频率是 3603Hz，之后随阶次的增高固有频率都会增加，直到 12 阶固有频率达到 14613Hz。7 阶固有频率 3603Hz 远高于外加磁场的最大驱动频率 30Hz，之后各阶固有频率都远高于实验中外加磁场的最大频率，不会引起机器人共振。

在仿真中求解了螺纹结构的最大主应力（Maximum Principal Stress），旋转状态下的最大主应力云图如图 3.33 所示。从云图中可以看出，最大主应力位于螺纹结构的轴心，数值为 0.0387MPa，该数值远小于未来 8000 树脂材料的拉伸强度 35MPa，而且实验中的转速会小于设定值，故材料不会因旋转而发生断裂。

在图形窗口可以显示几何结构的总形变，总形变是一个标量，变形结果反映了结构在施加载荷作用下在 x、y、z 轴方向上的变形矢量和大小。图 3.34 所示为螺纹结构在旋转载荷作用下的总形变，从图中可以看出，旋转状态下螺纹结构的总形变最大值是 0.00045mm，远小于螺纹结构的几何尺寸（半径为 8mm，长度为 12mm），因此在旋转中螺纹也可以保持原有形状。

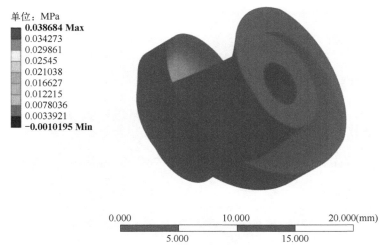

图 3.33　螺纹结构旋转状态最大主应力仿真结果（见书后彩插）

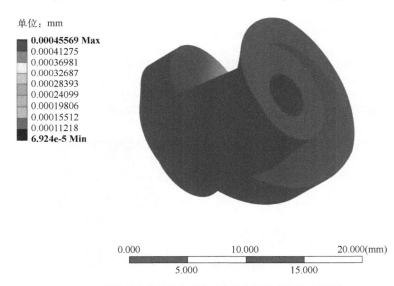

图 3.34　螺纹结构旋转状态最大形变仿真结果（见书后彩插）

与螺纹结构类似，本书对螺旋桨结构记录了 12 阶模态，如表 3.3 所示。

表 3.3　螺旋桨结构固有频率求解结果

阶次	频率/Hz	阶次	频率/Hz	阶次	频率/Hz
1 阶	0	5 阶	7.43×10^{-3}	9 阶	8236.9
2 阶	0	6 阶	9.96×10^{-3}	10 阶	13595
3 阶	4.97×10^{-3}	7 阶	7675.4	11 阶	18209
4 阶	5.72×10^{-3}	8 阶	8038.6	12 阶	19612

从表中可以看出，螺旋桨结构在旋转状态下的前 6 阶固有频率是 0 左右，同样因为前 6 阶是刚体模态。7 阶固有频率是 7675.4Hz，之后随阶次的增高固有频率都会增加，直到 12 阶固有频率达到 19612Hz。7 阶固有频率 7675.4Hz 远高于外加磁场的最大驱动频率 30Hz，

之后各阶固有频率都远高于实验中外加磁场的最大频率，不会引起机器人共振。

螺旋桨旋转时的应力云图如图 3.35 所示，螺旋桨的最大主应力位于桨叶叶根位置，数值为 0.0026MPa 左右。应力分布从叶根到叶梢逐渐降低，最大主应力仍然在未来 8000 树脂拉伸强度（35MPa）承受范围内，材料在旋转时不会断裂。

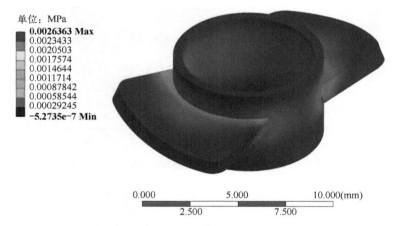

图 3.35 螺旋桨结构旋转状态最大主应力仿真结果（见书后彩插）

螺旋桨旋转的总形变如图 3.36 所示，整体形变较小，最大形变位于桨叶边缘，为 0.00018mm，远小于螺旋桨自身尺寸（14mm 左右），仍然可以保持螺旋桨的原有形状。

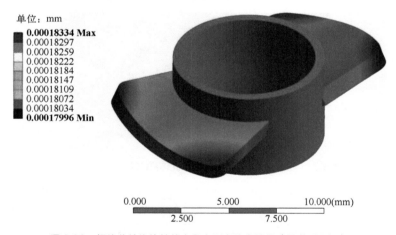

图 3.36 螺旋桨结构旋转状态最大形变仿真结果（见书后彩插）

3.4.2 模块化微型胶囊机器人流体环境分析

胶囊机器人被患者吞服后，其主要的运动空间是人体的消化系统。消化系统是多细胞生物用以进食、消化食物、获取能量和营养、排遗剩余废物的一组器官，其主要功能为摄食、消化、吸收、同化和排遗。人从食物中获取营养物质，食物的消化方式有两种：物理消化和化学消化。物理消化也称机械消化，消化道在运动过程中，将食物磨碎为体积较小的物质，也便于食物碎块与消化液充分接触，食物在消化道的运动中逐渐向后面的消化器官推送。化学消化主要通过各种消化液的化学作用，将食物中的大分子营养物质分解为可以被吸收的小分子物质。物理消化和化学消化互相配合，同步进行。

消化道内有大量的液体，人体每日分泌进入消化道的液体有 6000～8000mL，其中，唾液 1000～1500mL，胃液 1500～2500mL，胰液 1000～2000mL，胆汁 800～1000mL，小肠液 1000～3000mL，大肠液 600～800mL。此外，每日的进食和饮水也会为消化系统带入大量水分。在成人肠道内，每日约有 8000mL 的液体，液体环境为机器人泳动前进提供了良好的条件。

根据《中华人民共和国药典》2015 年版第四部，人工胃液的制备由 16.4mL 稀盐酸和 10g 胃蛋白酶加水定容至 1000mL 制备，人工肠液由 6.8g 磷酸二氢钾和 10g 胰蛋白酶加水定容至 1000mL 制备[170]，人工胃液和肠液中水的体积占到 90%[171]。因此本书采用水为介质，模拟机器人在消化道内的运动，将机器人浸没于充满水的液体管道内。机器人在水中旋转，带动水随之发生相对运动，形成流体环境。为了对机器人进行流体力学分析，需要确定雷诺数（Reynolds Number）的数值范围[172]。雷诺数被定义为流体惯性力与黏性力的比值，是一个量纲为 1 的数。雷诺数数值小，表明黏滞力在流场内的影响大于惯性力，流体稳定运动，形成层流环境；雷诺数数值大，表明流体流动不稳定，此时惯性力的影响起主要作用，流速的变化可以被增强，流体呈现出不规则的紊流环境。

雷诺数的定义如下：

$$Re = \frac{\rho u l}{\mu} \tag{3.18}$$

式中，ρ 为流体的密度，kg/m^3；u 为平均流速，m/s；l 为特征长度，m；μ 为流体动力黏度，$Pa \cdot s$ 或 $N \cdot s/m^2$。

如果流体的密度固定，则雷诺数大小与流体的流速成正比，与管道内径成正比。本书中，采用水为机器人运动介质，水的动力黏度是 $1.005 \times 10^{-3} Pa \cdot s$，密度为 $1 \times 10^3 kg/m^3$，机器人外径不超过 16mm，实验中机器人运动的最大速度不超过 16.3mm/s。由式（3.18）计算，机器人所在流体环境雷诺数小于 300，故流体为层流，也可以称为牛顿流体。

3.4.3　模块化微型胶囊机器人动力学模型建立

（1）螺纹型机器人动力学模型建立

物体浸入液体中并产生运动时，其表面会附着一层流体，受到来自流体的黏滞阻力。黏滞阻力产生的原理是：紧靠物体表面的流体由于相对运动被带走，物体表面附近形成速度梯度，流体内部各层之间有内摩擦力，物体受到阻力。

由前面可知，机器人处于层流环境，管道内的水流可以视为牛顿流体。由牛顿内摩擦定律可知，黏滞阻力可以计算如下：

$$f_c = \mu A \frac{v_c}{l} \tag{3.19}$$

式中，f_c 是由于机器人旋转产生的周向黏滞阻力，A 是机器人与流体发生相对运动的接触面积，v_c/l 是周向的速度梯度。

有限元方法是一种将整体分解为小的局部的分析方法，可以有效地对一个复杂整体进行动力学分析。将各个局部的分析进行整合，即可获得总体的力学表征。本书中采用有限元方法对螺纹型机器人进行动力学分析，螺纹型机器人的几何结构如图 3.37 所示。

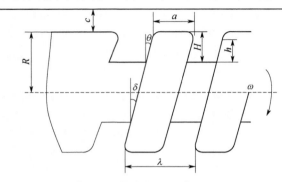

图 3.37　螺纹结构几何参数

在螺旋肋上选择一个微元，流体产生的周向黏滞阻力可以通过以下两个公式计算：

$$\mathrm{d}f_{c1} = \mu \mathrm{d}A_s \frac{v_c}{l_1} \tag{3.20}$$

$$\mathrm{d}f_{c2} = \mu \mathrm{d}A_s \frac{v_c}{l_2} \tag{3.21}$$

式中，f_{c1} 和 f_{c2} 分别是左侧和右侧螺旋肋的周向黏滞阻力，$\mathrm{d}A_s$ 是有限元周向旋转一周的轨迹面积，l_1 是螺旋肋左侧与管道内壁的间距，l_2 是螺旋肋右侧与机器人轴线之间的距离。这两个距离可以分别用下面的公式计算：

$$l_1 = R + c - (R - H + h) \tag{3.22}$$
$$l_2 = R - H + h \tag{3.23}$$

式中，R 为螺纹型机器人半径，H 为螺旋肋高度，h 为微元到螺旋肋底部的径向高度。

螺纹型机器人旋转一周的轨迹计算公式如下：

$$\mathrm{d}A_s = C\mathrm{d}s \tag{3.24}$$

式中，$\mathrm{d}s$ 是微元的宽度，C 是周向旋转一周运动轨迹的长度。$\mathrm{d}s$ 可以表示如下：

$$\mathrm{d}s = \mathrm{d}h / \tan\theta \tag{3.25}$$

式中，$\mathrm{d}h$ 是微元的高度，θ 是螺纹升角。

螺纹型机器人周向旋转一周的轨迹长度 C 可以表示为

$$C = \frac{2\pi(R - H + h)}{\cos\delta} \tag{3.26}$$

式中，δ 是螺旋肋倾角。

此外，在螺旋肋的顶部和根部的黏滞阻力可以直接建立力学模型，而不用有限元方法。计算公式如下：

$$f_{c3} = \mu a \frac{2\pi R}{\cos\delta} \times \frac{\omega R}{c} \tag{3.27}$$

$$f_{c4} = \mu(\lambda - a)\frac{R-H}{\cos\delta} \times \frac{\omega(R-H)}{H+c} \tag{3.28}$$

$$\omega = 2\pi f \tag{3.29}$$

式中，f_{c3} 为螺纹型机器人牙顶所受黏滞力，f_{c4} 为螺纹型机器人牙底所受黏滞力，a 为螺旋肋牙顶宽度，ω 为螺纹型机器人的旋转角速度，f 为螺纹型机器人的旋转频率，λ 为螺纹的螺距。

综合运用以上各式，可以求解出螺纹型机器人总的受力模型：

$$f_c = n\left(\int_0^H \mathrm{d}f_{c1} + \int_0^H \mathrm{d}f_{c2} + f_{c3} + f_{c4}\right) \tag{3.30}$$

$$M_c = n\left(\int_0^H (R-H+h)\mathrm{d}f_{c1} + \int_0^H (R-H+h)\mathrm{d}f_{c2} + f_{c3}R + f_{c4}(R-H)\right) \tag{3.31}$$

式中，n 为螺旋型机器人表面的螺纹个数。

进一步地，螺纹型机器人周向的黏滞阻力在垂直于纸面方向的分力用 f_{c12} 表示，该分力计算如下：

$$f_{c12} = n\left(\int_0^H \mathrm{d}f_{c1} + \int_0^H \mathrm{d}f_{c2}\right) \tag{3.32}$$

也可以表示为

$$f_{c12} = \frac{f_a}{\tan\delta} \tag{3.33}$$

式中，f_a 为螺纹型机器人受到的轴向推进力，这个力使机器人沿着管内轴向发生前向、后向运动。

螺纹型机器人的螺纹结构影响机器人的轴向推进力和力矩。为了研究螺纹型机器人几何参数对机器人轴向推进力和旋转力矩的影响，本书分析了多个几何参数对力学模型的影响并建立几何参数与力学模型的关系。在 MATLAB R2016B 软件平台下，假设机器人旋转频率为 10Hz，螺纹个数 n 为 4，流体环境是水（20℃），每个变量的分析结果如图 3.38 所示。

图 3.38（a）所示为机器人半径 R 与力学模型的关系。机器人半径 R 范围为 5～15mm，螺纹深度 H 为 4mm，螺纹牙顶与管道内壁距离 c 为 2mm，螺纹升角 θ 为 45°，螺旋肋倾角 δ 为 30°。

图 3.38（b）所示为机器人螺纹深度 H 与力学模型的关系。机器人螺纹深度 H 范围为 1～5mm，机器人半径 R 为 10mm，螺纹牙顶与管道内壁距离 c 为 2mm，螺纹升角 θ 为 45°，螺旋肋倾角 δ 为 30°。

图 3.38（c）所示为螺纹牙顶与管道内壁距离 c 与力学模型的关系。螺纹牙顶与管道内壁距离 c 范围为 1～5mm，机器人半径 R 为 10mm，螺纹深度 H 为 4mm，螺纹牙顶与管道内壁距离 c 为 2mm，螺纹升角 θ 为 45°，螺旋肋倾角 δ 为 30°。

图 3.38（d）所示为螺纹升角 θ 与力学模型的关系。螺纹升角 θ 范围为 10°～60°，机器人半径 R 为 10mm，螺纹深度 H 为 4mm，螺纹牙顶与管道内壁距离 c 为 2mm，螺旋肋倾角 δ 为 30°。

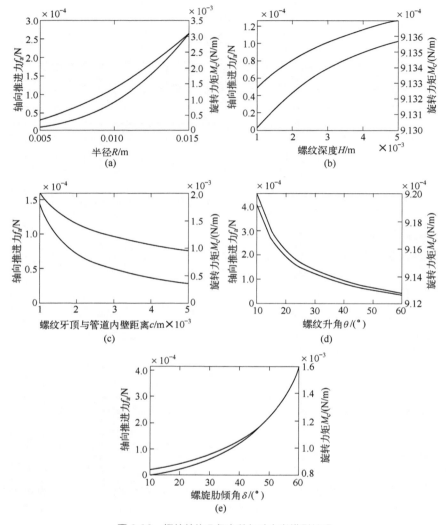

图 3.38 螺纹结构几何参数与动力学模型关系

图 3.38（e）所示为螺旋肋倾角 δ 与力学模型的关系。螺旋肋倾角 δ 范围为 $10° \sim 60°$，机器人半径 R 为 10mm，螺纹深度 H 为 4mm，螺纹牙顶与管道内壁距离 c 为 2mm，螺纹升角 θ 为 $45°$。

从分析结果可以看出，增大机器人半径 R、螺纹深度 H、螺旋肋倾角 δ 可以提高轴向推进力，而螺纹牙顶与管道内壁距离 c、螺纹升角 θ 与轴向推动力是负相关关系。通过这些几何参数的设计，可以在相同转速下得到不同的轴向推进力，维持特定转速的力矩也会随这些参数的改变而变化。

（2）螺旋桨型胶囊机器人动力学模型建立

螺旋桨是现代飞行器、船舶上应用范围极广的一种推进器，本书借鉴船舶螺旋桨在水中的运动，对螺旋桨型胶囊机器人进行动力学模型建立。流体中的螺旋桨与周围液体充分接触，其在水中工作时，通过自身旋转与流体发生相互作用，在其周围引起扰动速度，即螺旋桨诱导速度。

通过旋转面的旋转获得轴向推进力的原理起源较早，随着螺旋桨在飞行器和船舶中的应用，人们试图从原理上探究其动力来源。在螺旋桨的发展初期，有两大主要的螺旋桨理论分支：一种是从动量定理的原理出发，通过计算流体动量的改变推算螺旋桨的推力；另一种以螺旋桨叶元体为基本单元，将基本的叶元体作用力求解后，将其结果在螺旋桨半径方向求积分，推导出螺旋桨的推力。本书中采用叶元体理论对螺旋桨型机器人进行动力学分析。

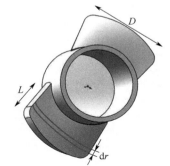

叶元体理论将螺旋桨叶沿半径方向划分成微元，称为叶元体，求解所有叶元体的作用力，即可等效为螺旋桨产生的作用力[173]。本书中设计的螺旋桨可以从机器人本体上拆解下来，螺旋桨结构几何参数如图 3.39 所示。

图 3.39　螺旋桨结构几何参数

先选取螺旋桨上距离螺旋桨轴心距离为 r 处的一段，其宽度为 $\mathrm{d}r$，后续力学分析以此段叶元体为基础。将叶元体作为桨叶剖面，绘制速度多角形，如图 3.40 所示。螺旋桨进速为 V_A，转速为 n，周向速度即旋转角速度为 $\omega = 2\pi n$，轴向诱导速度 $u_\mathrm{a}/2$ 的方向与迎面水流的速度 V_A 同向，周向诱导速度 $u_\mathrm{t}/2$ 与周向速度相反。β 为进角，β_i 为水动力螺旋角，V_R 为相对来流的合成速度。由此可以得出，桨叶切面的复杂运动可以视为水流以速度 V_R、攻角 α_k 流向桨叶切面。

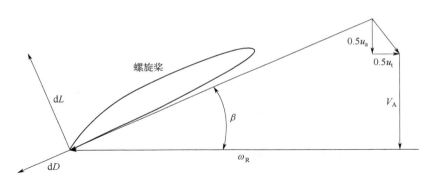

图 3.40　螺旋桨速度多角形

将叶元体视为一段二维结构，叶元体的受力为升力 $\mathrm{d}L$ 和阻力 $\mathrm{d}D$，叶元体产生的微分推力和微分旋转阻力为

$$\mathrm{d}T = \mathrm{d}L_\mathrm{a} - \mathrm{d}D_\mathrm{a} = \mathrm{d}L\cos\beta_\mathrm{i} - \mathrm{d}D\sin\beta_\mathrm{i} \tag{3.34}$$

$$\mathrm{d}F = \mathrm{d}L_\mathrm{t} + \mathrm{d}D_\mathrm{t} = \mathrm{d}L\sin\beta_\mathrm{i} + \mathrm{d}D\cos\beta_\mathrm{i} \tag{3.35}$$

依据儒科夫斯基升力公式，叶元体上的升力与进速及环量有以下关系：

$$\mathrm{d}L = \rho V_\mathrm{R}\Gamma(r)\mathrm{d}r \tag{3.36}$$

将式（3.36）及用阻升比表示的阻力 $\mathrm{d}D = \varepsilon\mathrm{d}L$ 代入式（3.34）和式（3.35），得

$$\mathrm{d}T = \rho\Gamma(r)V_\mathrm{R}\cos\beta_\mathrm{i}\left(1 - \varepsilon\tan\beta_\mathrm{i}\right)\mathrm{d}r \tag{3.37}$$

$$dF = \rho\Gamma(r)V_R \sin\beta_i \left(1 + \frac{\varepsilon}{\tan\beta_i}\right)dr \tag{3.38}$$

其中,

$$V_R \cos\beta_i = \omega r - \frac{1}{2}u_t \tag{3.39}$$

$$V_R \sin\beta_i = V_A + \frac{1}{2}u_a \tag{3.40}$$

考虑叶元体扭矩 $dQ = rdF$,则有

$$dT = \rho\Gamma(r)\left(\omega r - \frac{1}{2}u_t\right)\left(1 - \varepsilon\tan\beta_i\right)dr \tag{3.41}$$

$$dQ = \rho\Gamma(r)\left(V_A + \frac{1}{2}u_a\right)\left(1 + \frac{\varepsilon}{\tan\beta_i}\right)rdr \tag{3.42}$$

如果螺旋桨叶片数目为 Z,则螺旋桨推力和扭矩的表达式为

$$T = \rho Z\int_{R_h}^{R}\Gamma(r)\left(\omega r - \frac{1}{2}u_t\right)\left(1 - \varepsilon\tan\beta_i\right)dr \tag{3.43}$$

$$Q = \rho Z\int_{R_h}^{R}\Gamma(r)\left(V_A + \frac{1}{2}u_a\right)\left(1 + \frac{\varepsilon}{\tan\beta_i}\right)rdr \tag{3.44}$$

由于公式无法直接建立几何变量与螺旋桨力学模型之间的关系,本书采用 ANSYS 17.0 中的 FLUENT 模块对螺旋桨进行力学仿真。本书使用 SolidWorks 设计了 9 个几何结构不同的螺旋桨,分成三组,逐一仿真螺旋桨在液体管道内的运动,并记录轴向推进力和旋转力矩的结果。

FLUENT 模块下对螺旋桨的力学仿真建立过程如下:

① 在 Design Model 中导入螺旋桨几何模型,以螺旋桨轴线为中心绘制螺旋桨的圆柱形包围域,半径和前后向距离均为 0.5mm,作为螺旋桨的旋转域。以螺旋桨轴线为中心,绘制圆柱形区域,直径与管道内径一致,前后向距离分别为 30mm 和 60mm,作为流体静止域。随后对速度出入口、接触面等进行命名。

② 在 Mesh 中划分网格,加入网格尺寸控制,静止域网格尺寸为 0.5mm,旋转域网格尺寸为 0.1mm。

③ FLUENT 前处理。确定分析类型为稳态分析,选择 Viscous-Laminar 模型,确定 k-epsilon(2eqn) 的 Realize 求解方式。为流体域和静止域导入液态水模型,静止域柱面为墙,旋转域 inlet 面为速度入口,设置入口速度,旋转域速度为 1000r/min。监测螺旋桨的升力和旋转力矩。

④ 模型求解。设置压力-速度求解方法为耦合型,迭代步数为 100,进行求解。

⑤ 计算结束后,进入后处理提取结果,记录螺旋桨的升力和力矩。

经过以上仿真流程,本书设计的 9 个螺旋桨几何参数和求解结果如表 3.4 所示。

表 3.4　螺旋桨结构固有频率求解结果

分组	编号	叶片数量	螺距角/(°)	螺旋桨直径/mm	升力/mN	力矩/(mN/m)
第一组	1#	2	$\pi/6$	16.0	1.10	1.44×10^{-2}
	2#	3	$\pi/6$	16.0	1.15	1.58×10^{-2}
	3#	4	$\pi/6$	16.0	1.28	1.63×10^{-2}
第二组	4#	2	$\pi/4$	14.2	1.20	1.48×10^{-2}
	5#	2	$\pi/6$	14.2	1.16	1.45×10^{-2}
	6#	2	$\pi/10$	14.2	1.06	1.41×10^{-2}
第三组	7#	3	$\pi/10$	16.0	1.25	1.58×10^{-2}
	8#	3	$\pi/10$	14.2	1.14	1.50×10^{-2}
	9#	3	$\pi/10$	12.4	1.02	1.43×10^{-2}

　　由以上分析可知，在现有的几组螺旋桨模型中，相同转速下 3#桨的推进力和力矩较大，6#桨的推进力和力矩较小，螺旋桨动力模型与其几何结构有关，可以根据实际需要选择不同推进力和力矩所对应的桨。

3.5
模块化微型胶囊机器人系统临界频率模型及控制策略研究

　　被动运动式胶囊机器人被吞服进入消化系统内，借助消化道的蠕动向下运动，最终排出体外。被动运动式机器人有两大突出缺点：一是位置不可控，机器人完全由胃肠道带动下行，可能正好错过病灶位置，导致该次诊疗失败；二是耗费时间长，正常人从吃进食物到排出体外，要经过 19～36h。如果被动运动式胶囊机器人随食物一同排出体外，将会耗费最多 1.5 天的时间，这极可能耽误疾病的诊疗。

　　本书设计的模块化微型胶囊机器人是一种主动机器人，操作者可以控制系统内的机器人到达特定位置，实施诊疗操作。由于亥姆赫兹线圈只会在空间内形成一个磁场均匀区，在这一均匀区内的驱动永磁体都会受到磁场的影响，使多个模块化微型胶囊机器人互相耦合，不能实现对单个机器人的控制。而实际场景中，往往需要各个机器人有特定的工作顺序，或者通过组合形成新的结构完成特定任务。

　　为了实现在同一磁场下对模块化机器人的独立控制，本书提出一种基于频率差异的磁场驱动方式。通过建立临界驱动频率模型，给出系统启动频率和截止频率的定义，机器人几何参数的改变可以确定系统的临界驱动频率。在临界驱动频率确定的基础上，提出基于频率差异的多机器人控制策略，设计模块化微型胶囊机器人的三种基本运动形式。

3.5.1　临界频率模型建立

　　前面所述的微型胶囊机器人在流体环境中运动，除了受到推进结构（螺纹、螺旋桨）带来的推进力外，还会受到前进方向的黏滞阻力。除此之外，由于机器人密度大于流体，在胶囊中处于胶囊底部，不可避免地与管壁发生摩擦。黏滞阻力和摩擦力也是对机器人运动产生重要影响的力，建立模块化微型胶囊机器人系统临界驱动频率（启动频率、截止频率）模型时，要考虑这两种力的作用。

（1）系统启动频率

驱动永磁体伴随磁场旋转而旋转，这种伴随旋转有频率范围。在磁场旋转频率较低时，永磁体与旋转磁场同步旋转。但是由于机器人受到水的黏滞阻力产生的轴向推进力不能克服机器人受到的摩擦力，此时机器人在原位置跟随磁场旋转，不发生轴向运动。机器人受到的摩擦力计算如下：

$$F_f = \eta(G - F_b) \tag{3.45}$$

式中，η 为摩擦系数，G 为机器人重力，F_b 为机器人所受浮力，其计算式为

$$F_b = \rho V g \tag{3.46}$$

式中，V 为机器人体积，等于排水量。

对于单个机器人，当机器人旋转频率恰好使机器人克服摩擦力发生轴向运动时，此时的驱动频率可定义为"启动频率"。低于启动频率，机器人只跟随磁场旋转而不产生轴向运动，只有高于启动频率，机器人克服摩擦力做功，产生轴向运动。对于模块化机器人系统，如果多个机器人具有不同的启动频率，则可以实现在不同频率下分别启动。本书中，定义模块化机器人系统的启动频率为 f_{start}，其表示为系统内所有机器人的启动频率：

$$f_{start} = \{f_{A\text{-}start}, f_{B\text{-}start}, f_{C\text{-}start} \cdots\} \tag{3.47}$$

式中，$f_{A\text{-}start}$、$f_{B\text{-}start}$、$f_{C\text{-}start} \cdots$分别为机器人 A、B、C$\cdots$的启动频率。

轴向的推进力由机器人的几何参数决定。一旦几何参数被确定，机器人启动频率不可改变。式（3.30）～式（3.33）、式（3.43）和式（3.44）说明机器人的推进力和螺距、螺纹个数、机器人半径、螺旋桨叶片数、螺旋桨半径等几何参数有关。本书的试验中，通过设计两个机器人不同的几何参数，使两个机器人的启动频率差异化。从而在同一个磁场下，使一个机器人达到启动频率而开始轴向运动，另一个在原位置旋转但不产生轴向运动。

（2）系统截止频率

随着磁场旋转频率的增加，机器人旋转角速度增加，机器人可以获得更大的轴向推进力。在机器人轴向运动中，会受到流体作用于轴向的阻力，其计算式为

$$F_d = \frac{1}{2}\rho C_d S v^2 \tag{3.48}$$

式中，C_d 为阻力系数；S 为流体内等效截面积，本书中的机器人可以视为圆柱体，S 近似于机器人垂直于中轴线的截面积。

磁场的旋转频率逐渐增加，机器人角速度逐渐增加，推进力也增大，以使机器人轴向运动加速。当最大推进力与摩擦力和轴向阻力的合力平衡时，机器人达到最大速度。

因此，机器人最大轴向速度取决于机器人的最大旋转角速度。直到机器人难以保持和外加电磁场同步旋转时，机器人的轴向速度快速下降为零。当机器人不能和外加磁场保持同步旋转时的驱动频率被称为"截止频率"，本书定义的模块化机器人的截止频率为：

$$f_{stop} = \{f_{A\text{-}stop}, f_{B\text{-}stop}, f_{C\text{-}stop} \cdots\} \tag{3.49}$$

式中，$f_{\text{A-stop}}$、$f_{\text{B-stop}}$、$f_{\text{C-stop}}$…分别为机器人 A、B、C…的截止频率。

机器人的旋转动作由电磁场下的驱动永磁体控制，单个驱动永磁体可以产生的扭力和力矩表达式如式（3.14）和式（3.15）所示。

在特定的旋转磁场下，磁力矩取决于驱动永磁体。通过改变驱动永磁体两个磁极的重叠角度，可以改变磁力矩。如果相反磁极重叠，磁力矩互相抵消；相同磁极重叠，磁力矩得到加强。特殊的，如果相同磁极的重叠角是 0，永磁体的磁力矩是单个永磁体的两倍；如果相反磁极完全重合，力矩被抵消，此时机器人不会随着外加电磁场旋转，也不会产生轴向运动。该方法的示意图如图 3.41 所示，实际的力矩计算如下：

$$M_{\text{r}} = \frac{2(\pi - \varPhi)}{\pi} M_{\text{m}} \tag{3.50}$$

式中，$\varPhi$ 是相反磁极的重叠角度。

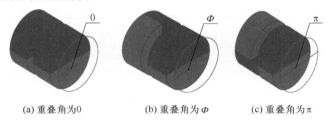

(a) 重叠角为0　　　　(b) 重叠角为$\varPhi$　　　　(c) 重叠角为π

图 3.41　永磁体磁极重叠角示意图

依据式（3.50），给定某个特定的旋转频率 f，当 $M_{\text{r}} \geqslant M_{\text{c}}$ 时，机器人可以和外加电磁场保持同步旋转，反之，机器人不能保持同步旋转并在轴向上无速度。

基于以上动力学模型，机器人的轴向速度为

$$v_{\text{axial-1}} = F(f, \lambda, R, \varPhi \cdots) \tag{3.51}$$

式中，$F(f, \lambda, R, \varPhi\cdots)$ 是轴向速度和各因变量（驱动频率、机器人几何参数、驱动永磁体反向磁极重叠角度等）之间的函数映射。然而，一些试验中的其他因素，如机器人旋转时的振动、与管壁之间的碰撞、多机器人之间的相互作用没有被体现在这个公式中，所以在建立模型时还额外引入了矫正因子，此时机器人轴向速度的表达式为

$$v_{\text{axial}} = \varepsilon F(f, \lambda, R, \varPhi \cdots) \tag{3.52}$$

式中，ε 为矫正因子，经过试验验证，ε 在本书中设为 0.5。

当多个机器人的驱动频率没有重叠时，各个机器人可以在同一磁场下被独立控制。模块化机器人的启动和截止频率可以通过设计机器人的几何结构和驱动永磁体磁极的重叠角来确定。

3.5.2　模块化微型胶囊机器人系统控制策略

（1）基于频率差异的控制策略

本书研究的模块化机器人系统，由嵌入机器人本体的驱动永磁体在旋转磁场的作用下带动机器人旋转。磁场位于亥姆赫兹线圈的均匀区内，驱动永磁体之间没有磁场的隔离或屏蔽，会同时受到磁场的影响。如果两个机器人在设计上没有差异，同时置于磁场内时会产生完全相同的运动。而实际的应用场景中，患者的消化系统外周只有一个均匀磁场，本书提出的机器人系统应该是个体间相互独立、功能上互相补充的，在诊疗时需要分别控制各机器

人完成各自的动作。机器人如果互相耦合在一起，除了正在控制的机器人发生运动外，其余的机器人会因为受到磁场的作用而产生"误动作"，这和本系统的设计初衷相违背。

为了解除多个机器人在同一磁场下的耦合作用，本书提出了"基于频率差异的模块化机器人控制策略"，以实现在同一磁场下，每次可以独立控制所需的机器人运动，其余机器人不会因磁场的影响而误动作。

基于频率差异的控制策略，指在多个机器人驱动频率的非重叠区间内对每个机器人进行独立控制。因为在驱动频率的非重叠区间内，只会有一个机器人受到外加电磁场的影响，其余机器人均不会发生运动。在非重叠区间内的任意一个频率，其余非被控机器人的状态分为两种：有的机器人还未达到自身的启动频率，因此只跟随磁场同步旋转，但是无法产生轴向运动；有的机器人已经进入截止频率，无法跟随磁场同步旋转，在原位置保持静止状态。

在这种控制思想下，整个系统内所有的模块化微型胶囊机器人的驱动频率被测定，并被划分为不同的区间。能独立控制某个机器人运动的区间被保留，各个机器人驱动频率的重叠区间不会被用到，应该舍弃。

在该控制策略的实际应用中，需要预先确定好系统内所有微型胶囊机器人各自的启动频率和截止频率，如果可以绘制出轴向速度和驱动频率的关系曲线，则可以在各自的驱动区间内选择特定的驱动频率以达到所需的运动速度。之后要按照实际需求，依次控制需要移动的机器人到达各自位置。这一过程中，仍然每次只有一个机器人在磁场下运动。

图 3.42 中绘制了包含 4 个模块化微型胶囊机器人的系统的轴向速度-驱动频率关系示意图。假设目前需要移动的机器人是机器人 3，操作者可以按照需要的移动速度，选择区间 3 内的驱动频率。由于区间 3 内的频率位于机器人 1 和机器人 2 的截止频率之后，这两个机器人已经不能跟随磁场同步旋转，处于静止状态；区间 3 内的频率位于机器人 4 的启动频率之前，机器人 4 虽然可以跟随磁场同步旋转，但是无法克服轴向的阻力，同样不会发生轴向运动。所以，此时可以在管道内移动的只有机器人 3。

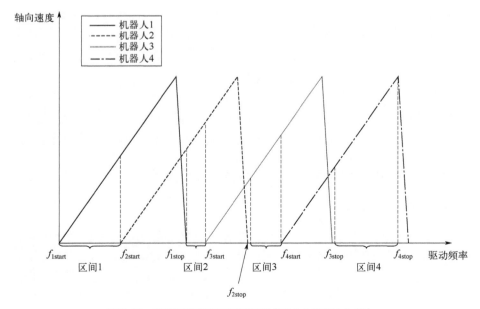

图 3.42　系统驱动频率区间示意图（以 4 个机器人为例）

（2）机器人三种基本运动形式

本书研究的模块化机器人主要面向复杂的医疗任务，如介入手术、活组织取样、定点药物释放等，这些任务的完成需要各个机器人相互配合，互为补充。基于此，本书提出的多个机器人的运动形式主要有三种，分别是对接运动、分离运动和共同运动。

① 对接运动。

对接运动指两个机器人原本间隔一段距离，操作者驱动其中一个机器人向另一个机器人靠近，使二者对接在一起，该种运动形式主要用于机器人需要组合为新的结构时。

对接运动过程如图 3.43 所示。首先应确定以某个机器人为基准，其余机器人向它靠近。示意图 3.43 中以机器人 B 所在位置为整体的目标位置，然后在机器人的驱动频率区间内设定电磁场频率，根据机器人 A 的目标位置确定电流信号的相位差，使机器人 A 朝向机器人 B 运动，在该频率下，机器人 B 和机器人 C 不会离开原来的位置。当机器人 A 与机器人 B 对接成功后，改变驱动频率及电流信号的相位差，使机器人 C 向机器人 B 方向运动，其余两个机器人继续保持在原位置。最终，当机器人 C 与机器人 B 对接后，对接完成。对接运动流程如图 3.44 所示。

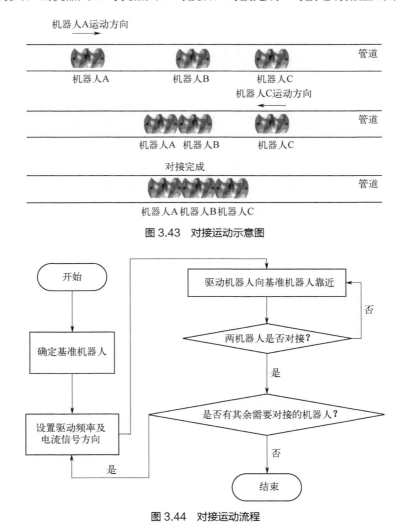

图 3.43　对接运动示意图

图 3.44　对接运动流程

② 分离运动。

分离运动过程指多个机器人原本对接为一个整体，之后依次驱动一个机器人脱离整体，不再相互接触，成为独立部分。该种运动形式主要用于机器人需要解除原有结构时。

分离运动如图 3.45 所示。起初多个机器人还保持对接后的状态，首先从整体中选择首部或尾部的一个机器人，示意图中选择机器人 C，设置驱动频率位于机器人 C 可以独立运动的频率区间内，确定电流信号方向，使机器人 C 远离机器人 B，即远离整体，此时另外两个机器人在原位置不发生轴向运动。当机器人 C 到达指定位置后，改变驱动频率，使之达到机器人 A 的驱动频率区间，改变电流信号方向，机器人 A 从左侧离开整体。当机器人 A 也达到指定位置后，只有机器人 B 在原位置，分离运动结束。分离运动流程如图 3.46 所示。

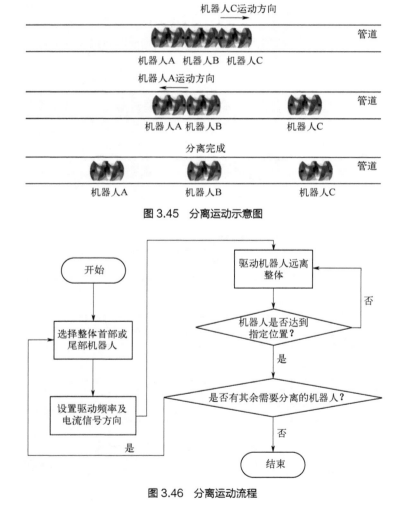

图 3.45　分离运动示意图

图 3.46　分离运动流程

③ 共同运动。

共同运动是指两个机器人对接为一个新的组合后，它们可以作为一个整体运动，如轴向的前进和后退。该运动形式用于两个机器人需要到达同一位置时。

共同运动示意图如图 3.47 所示。系统内的三个机器人已经对接成为一个整体,当整体需要向右运动时,机器人 A 作为主动机器人,推动整体向右运动。此时的驱动频率位于机器人 A 的驱动频率区间,电流信号使机器人 A 向右运动,其余两个机器人不会主动产生轴向运动。如果整体需要改变运动方向,则位于整体右端的机器人 C 作为主动机器人,调节驱动频率和电流信号方向,可以使机器人 C 推动整体向左运动。共同运动流程如图 3.48 所示。

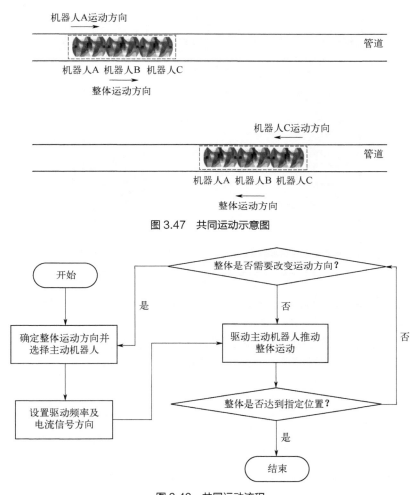

图 3.47　共同运动示意图

图 3.48　共同运动流程

3.6
模块化微型胶囊机器人系统特性评价

前面分别介绍了磁场发生装置设计、机器人几何结构设计以及基于机器人动力学模型提出的模块化机器人控制策略。在本章中,主要对模块化机器人系统进行评价,验证设计和策略的有效性。本章中首先会对模块化机器人的运动形式进行介绍,随后介绍运动平台搭建，给出两组实验机器人的设计参数。在运动特性评价部分，先验证每组的单个机器人的驱动频率特性，后对本书所述的对接运动、分离运动、共同运动三种运动形式进行实验验证。通过以上设计和实验内容，得到模块化机器人在液体管道内的实际运动效果，可以对整个系统进行客观评价。

3.6.1 模块化微型胶囊机器人运动平台搭建及机器人结构参数

机器人运动平台以第 2 章所述的亥姆赫兹线圈为基础，同时包含信号发生器、放大器（机箱内）、磁场测量仪、角速度计和内径为 19mm 的 PVC（聚氯乙烯）管道，管道内充满水[174,175]。整个运动平台如图 3.49 所示。

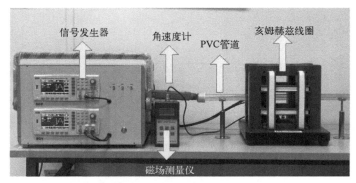

图 3.49　模块化微型管道机器人系统实验平台

在实验中，机器人在硬质管道中做线性运动。由信号发生器产生的正弦信号驱动机器人轴向前进或后退，线性运动由三维亥姆赫兹线圈中的 X 轴、Z 轴产生正弦信号，同轴的线圈内都通以有效值为 3.5A 的同向电流。驱动频率的范围是 0～25Hz。当两轴上的电流相位差为 $\pi/2$ 时，机器人顺时针旋转；当两轴上的电流相位差为 $3\pi/2$ 时，机器人逆时针旋转。两种信号示意图如图 3.50 所示。

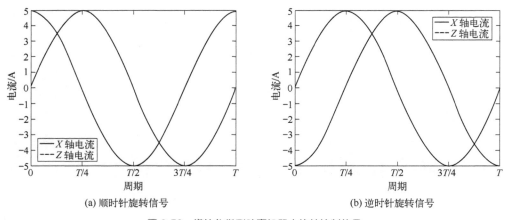

(a) 顺时针旋转信号　　　　　　　　　　(b) 逆时针旋转信号

图 3.50　模块化微型胶囊机器人旋转控制信号

由前面提出的控制策略可知，通过设计多机器人不同的几何参数和驱动永磁体重叠角，可以实现驱动频率的差异化。本章中的实验用到两组机器人，实验组一由两个螺纹型机器人组成，实验组二由一个螺纹型机器人和一个螺旋桨型机器人组成。实验组一的两个螺纹型机器人的设计情况如表 3.5 所示，实验组二的螺纹型机器人和螺旋桨型机器人设计情况如表 3.6 所示。两组机器人的实物如图 3.51 所示。

表 3.5 实验组一：螺纹型机器人几何参数

几何参数	机器人 A	机器人 B
螺距	3mm	12mm
螺纹数	4	2
螺旋肋倾角	$\pi/4$	$\pi/4$
螺纹升角	$\pi/18$	$\pi/6$
螺纹深度	2mm	4mm
牙顶宽度	2mm	4mm
驱动永磁体数量	1	2
永磁体重叠角	—	$\pi/4$

表 3.6 实验组二：螺纹型机器人及螺旋桨型机器人几何参数

机器人 A	几何参数	机器人 B	几何参数
螺距	16mm	桨叶宽度	3.3mm
螺纹数	2	桨叶直径	14.2mm
螺纹深度	4mm	螺距角	$\pi/10$
牙顶宽度	4mm	叶片数量	2
螺旋肋倾角	$\pi/4$	—	—
螺纹升角	$\pi/6$	—	—

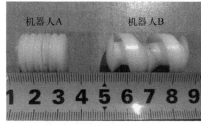

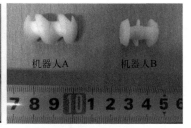

(a) 实验组一机器人实物   (b) 实验组二机器人实物

图 3.51 两组机器人实物

在机器人的运动实验前，本书用磁场测量仪对机器人不同间隔下的磁场强度进行了测定。磁场强度可以转化为两个机器人之间的磁场力，反映了在对接和分离过程中两个机器人的相互作用。在本书中，磁场强度依赖于两个机器人两端嵌入的对接永磁体强度，因为对接永磁体是相同的，只对实验组一的两个机器人进行了磁场强度测量。两机器人之间距离的定义如图 3.52（a）所示，在图 3.52（b）中可以看出，两机器人间的磁场强度随着距离的增大而衰减，这意味着两个机器人在距离远时更容易分离而在距离近时容易互相靠近。

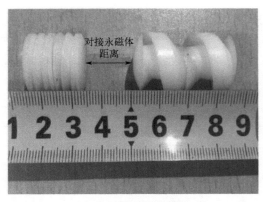
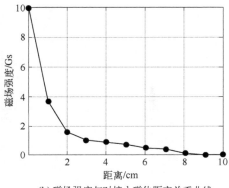

| (a) 对接永磁体距离示意图 | (b) 磁场强度与对接永磁体距离关系曲线 |

图 3.52　对接永磁体磁场强度与间距关系

3.6.2　模块化微型胶囊机器人系统运动特性评价

（1）单个机器人运动特性评价

为了确定每组两个机器人的驱动频率区间，每次只将一个机器人放入管道内，机器人完全浸没于水中。随着输入电流频率的改变，每个机器人的平均轴向速度被记录下来。图 3.53 所示为实验组一的机器人实验结果。从轴向速度与驱动频率关系的曲线中可以看出，两个机器人的驱动频率存在不重叠区间，从而保证了在同一磁场下两个机器人可以被独立控制。如果想驱动实验组一的机器人 A，驱动频率应该设置为 8～18Hz 之间，因为这个区间已经超出了机器人 B 的截止频率，机器人 B 不能跟随磁场同频率旋转而且速度下降为 0。相反的，机器人 B 可控的频率区间是 1～5Hz。这一组机器人的驱动频率重叠区在 6～7Hz 之间，这一区间应该被舍弃。经分析可知，两机器人的驱动频率满足后续的多机器人运动实验要求。

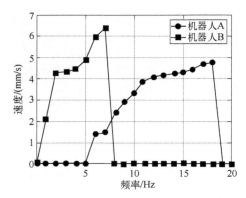

图 3.53　实验组一机器人轴向运动速度与驱动频率关系

从图 3.53 中也可以看出，实验组一的机器人 B 相较于机器人 A 更容易在较低的旋转频率下启动，而且机器人 B 更容易在较低的频率下截止。实验结果说明，机器人 B 的启动频率和截止频率同时小于机器人 A。机器人 A 的启动频率是 6Hz，在这一频率前，其旋转角速度低，以致阻力大于轴向推进力，机器人无法启动。机器人 B 可以在 1Hz 时启动，由于其特殊的几何参数，使之可以产生较大的轴向推进力。两个机器人的截止频率分别是19Hz 和 7Hz，高于这两个频率，轴向速度开始急剧下降，意味着机器人的旋转动作不能与外加电磁场保存同步。

此外，实验组一的两个机器人在磁场频率增加时都会提高轴向速度，因为随着角速度的增加，机器人可以获得更大的推进力。图 3.53 显示轴向速度在最大驱动频率之前是增加的，机器人 A 在 18Hz 达到最大速度 4.75mm/s，机器人 B 在 7Hz 达到最大速度 6.35mm/s。在此之后，两机器人的轴向速度快速下降为 0。

图 3.54 为实验组二单个机器人轴向运动实验结果。实验组二中的机器人，机器人 A 的启动频率是 2Hz，而机器人 B 在 7Hz 可以启动，同时，机器人 A 的截止频率是 18Hz，机器人 B 的截止频率为 26Hz。在截止频率前，两个机器人的轴向运动速度会随着驱动频率的增加而增大，在截止频率后，两个机器人的轴向速度快速下降为零。因为此时的驱动频率过大，机器人受到水的黏滞力无法跟随电磁场同步旋转。因此，在驱动频率是 1~6Hz 时，可以实现对机器人 A 的单独驱动，在驱动频率是 19~25Hz 时，可以实现对机器人 B 的单独控制。机器人 A 的最大速度为 16.3mm/s，机器人 B 的最大速度为 11.8mm/s。这组机器人的实验结果仍然满足后续两个机器人运动的需要。

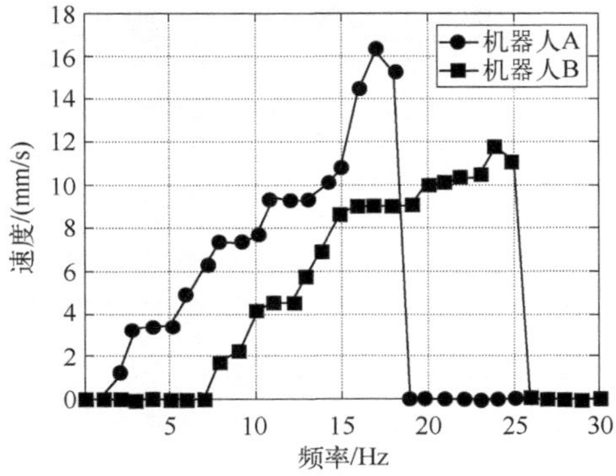

图 3.54　实验组二机器人轴向运动速度与驱动频率关系

（2）对接运动

验证两个机器人的对接运动时，每组的两个机器人被同时放入磁场中的液体管道内，两个机器人分别放置在两个位置后，通过控制一个机器人向另一个机器人靠近实现对接运动。两组机器人对接过程分别如图 3.55 和图 3.56 所示。

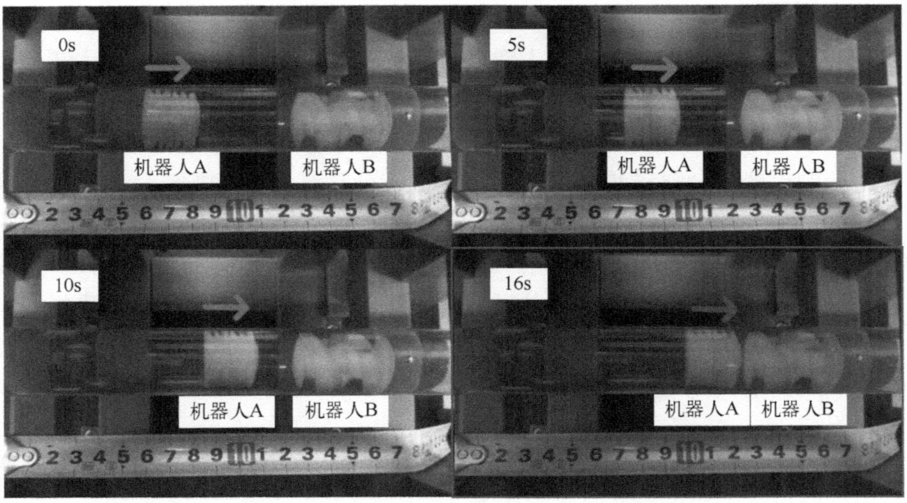

图 3.55　实验组一机器人对接过程视频截图

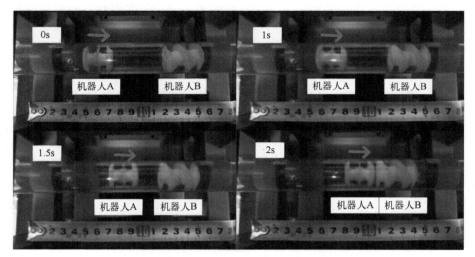

图3.56　实验组二机器人对接过程视频截图

实验组一的机器人对接过程可以描述如下：最初两个机器人被放置于一段间隔距离内，然后机器人 A 以某个特定速度向机器人 B 运动，当其靠近机器人 B 时，对接永磁体的磁力将两个机器人吸引到一起。对接运动的驱动频率设置为 8Hz，在这一驱动频率下，机器人 A 可以轴向前进而机器人 B 为静止状态。一系列不同频率下的驱动频率重复了对接过程，如预期结果一致，随着驱动频率的增加，机器人的前进速度增加，对接过程的时间缩短。

在实验组二的对接实验中，机器人 B 向机器人 A 运动实现对接过程，在较高的驱动频率下，机器人 B 以一定速度向机器人 A 运动，此时机器人 A 速度已经降低为 0，因为其不能保持和磁场同步旋转，其在原位置静止。当机器人 B 接近机器人 A 时，两个机器人对接在一起。图示对接过程的驱动频率是 23Hz。

（3）分离运动

分离运动的验证可以在两个机器人对接后进行，验证两个机器人能否逐渐远离，从而使原有的组合形式被破坏。同样地，每组的两个机器人置于同一管道中，两组分别实验并记录数据。

实验组一的机器人分离过程如图 3.57 所示。在分离过程中，机器人 B 在较低的驱动频率下轴向前进，而此时由于机器人 A 没有达到启动频率，只是旋转而不发生主动的轴向运动。克服了对接永磁体的磁场力后，机器人 B 向右前进，两个机器人之间的距离逐渐增加。最终，两个机器人实现了互相分离，此时的驱动频率为 3Hz。此外，可以观察到机器人 A 还是离开了初始位置一小段距离，这是因为对接永磁体的吸引力作用于机器人 A，使机器人 A 向右偏离。随着两个机器人距离的增加，对接永磁体的作用力不断减弱，机器人 A 可以保持空转不前。

实验组二的机器人分离过程如图 3.58 所示。机器人 A 在较低的驱动频率下仍然可以克服前进阻力，发生轴向运动，此时机器人 B 随磁场同步旋转但无法克服阻力，不发生轴向运动。两个机器人的距离逐渐增大，最终实现分离，此时的驱动频率设置为 5Hz。

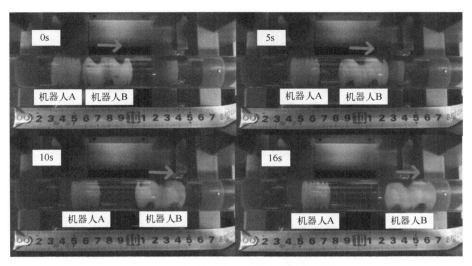

图 3.57　实验组一机器人分离过程视频截图

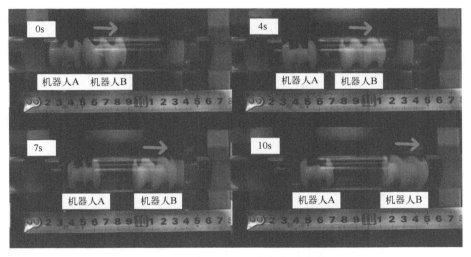

图 3.58　实验组二机器人分离过程视频截图

（4）共同运动

机器人对接到一起后，两个机器人可以作为一个整体运动。只要后面的机器人有更高的轴向速度，就可以推动两个机器人组成的整体前进。实验组一的机器人组合运动结果如图 3.59 所示。当机器人 A 推动机器人 B 时，整体向右运动。当机器人 B 推动机器人 A 时，整体向左运动。两个机器人向右运动时的驱动频率为 11Hz，机器人 A 作为动力机器人，产生的轴向推进力克服两个机器人的阻力，使两个机器人共同向右移动。现有频率已经进入机器人 B 截止频率，机器人 B 无法跟随磁场旋转，对整体只是增加阻力。此时线圈上电流的相位差为 $\pi/2$。当两个机器人向左运动时，驱动频率为 5Hz 且线圈上电流的相位差为 $3\pi/2$。机器人 B 作为动力机器人，产生的轴向推进力克服两个机器人的阻力，使两个机器人共同向左移动。机器人 A 在低频率下跟随磁场旋转但是克服阻力前进，对于整体而言增加了阻力。

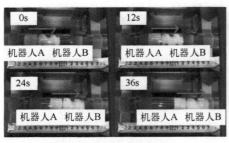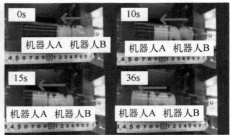

(a) 整体向右运动　　　　　　　　　　(b) 整体向左运动

图 3.59　实验组一机器人共同运动过程视频截图

此外，本书还进行了一系列实验来测定不同驱动频率下两个机器人共同运动的速度，实验结果验证了两机器人共同运动的可行性，而且从实验结果中明显可以看出，共同运动时整体的速度远小于单个机器人运动的速度。

如图 3.60 所示，在较低的驱动频率下，机器人 B 推动机器人 A。如果驱动频率增加到某临界值，机器人 B 将会被机器人 A 推动。整体的启动频率要高于两个机器人各自的启动频率，这说明只有当达到某个临界驱动频率时，两个机器人共同运动才能实现。两个机器人共同运动需要更大的推进力去克服两个机器人受到的阻力。当机器人 B 推动机器人 A 时，整体可以获得更高的轴向速度，这就容易得出结论：机器人 B 可以产生更大的轴向推进力。如图 3.59（b）所示，如果机器人 A 推动机器人 B，两个机器人构成整体的实际驱动频率为 8Hz；反之，机器人 B 推动机器人 A 时，二者构成整体的驱动频率为 4Hz，共同运动时轴向速度的最大值是 3.32mm/s。

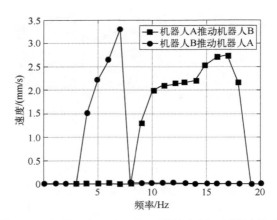

图 3.60　实验组一机器人共同运动整体速度与驱动频率关系

实验组二机器人共同运动过程如图 3.61 所示，驱动过程与实验组一类似，机器人整体向右与向左运动的驱动频率分别是 14Hz 和 22Hz。实验组二的双向共同运动也被验证多次，每次设置不同的驱动频率，实验结果如图 3.62 所示。共同运动时，整体的速度明显低于同频率下单个机器人的轴向运动速度，与实验组一得到的结果吻合。说明共同运动的阻力要大于单个机器人阻力，降低整体速度。实验组二整体最大速度为 14.6mm/s。

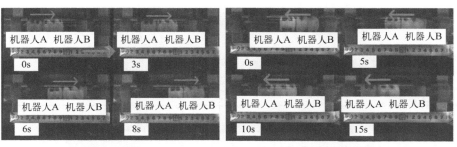

(a) 整体向右运动　　　　　　　　　　(b) 整体向左运动

图 3.61　实验组二机器人共同运动过程视频截图

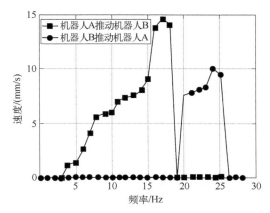

图 3.62　实验组二机器人共同运动整体速度与驱动频率关系

3.7
本章小结

现有的微型管道机器人受限于人体腔道的狭窄部位，自身尺寸较小，难以携带大量负载，不具备复杂结构和功能多样性。本书针对临床诊疗中复杂任务需求，设计了模块化微型胶囊机器人系统，期望通过多个机器人之间的配合实现复杂的临床操作。模块化微型胶囊机器人系统以亥姆赫兹线圈为驱动平台，利用磁场控制机器人主动运动。本章设计了螺纹型和螺旋桨型两种机器人结构，并结合其动力学特性，提出了差异频率控制策略，实现了在同一磁场下对多个机器人进行独立控制。最后，本章通过模块化机器人的对接运动、分离运动和共同运动实验，验证了系统的有效性。该系统突破了单个微型机器人在实际应用中的局限性，为微型胶囊机器人在复杂手术中的应用提供了新的思路。

第**4**章

上肢康复机器人

4.1
概述

　　脑卒中（中风）是人类功能障碍的常见原因之一，如认知、运动、表情等，也是全球死亡的第二大原因。治疗此种病情需要大量的医护人员，而且用于医疗手术和康复的资金量是巨大的。因此，必须采取有效措施应对中风患者，进行有效的康复治疗。世界上许多研究学者都在该领域做出很多努力。

　　治疗中风的一个主要目标是重新修复人类肢体功能，尤其是人体上肢日常生活活动能力。中风患者在康复恢复期间保持上肢的运动功能很重要。有效的康复策略，不仅可以恢复上肢的运动功能，而且还实现了运动神经修复。中风幸存者的传统治疗需要治疗师为每一位病人提供个人训练，因此是一个劳动密集型的方法。

　　不仅如此，受伤体育运动员术后的复建，年迈老人的运动辅助，甚至由于心血管疾病导致的身体瘫痪人员……他们都需要康复治疗。治疗师数量的短缺以及枯燥单调的训练过程，使得广大研究学者开始尝试更为有效的康复训练方法。

　　幸运的是，机器人的开发是最有可能解决这一问题的。机器人介导是康复机器人研究中最重要的分支之一。机器人介导进行康复训练具有许多优点：首先，机器人可以指导患者在一定程度上进行康复训练，而不是治疗师；其次，机器人可以不疲劳地重复进行相同的训练；再次，机器人可以提供精确和定量的训练和评估；最后，远程操作技术可以优化医疗资源的有效利用，甚至实现家庭康复治疗。因此，机器人介导的研究不仅在康复应用机器人领域很有意义，而且可以将它作为一个基本平台支持神经复原的研究。据康复机器人的调查研究，大多数研究人员集中在下肢的康复。上肢康复的研究虽然近年来越来越多，但相比较下肢还是较少，并且存在很多难题。因此，开发一套新的上肢康复系统是非常重要的，而且如何对康复系统进行优化，使其能够满足家庭化康复治疗的需求以及提出行之有效的康复效果自动评价体系，成为康复机器人领域研究的热门话题。

4.2
康复训练研究背景

中风是一种脑损伤，它是由于脑的某部分血液供应故障引起的，它会损害人体的一些功能，如思考、说话和移动等（图4.1）。血液供应故障是动脉粥样硬化的常见原因，它通常会引起血管障碍，甚至使其破碎。据报道，超过一半的中风患者有上肢的局部肢体出现错乱的感觉反馈或运动控制[176]。

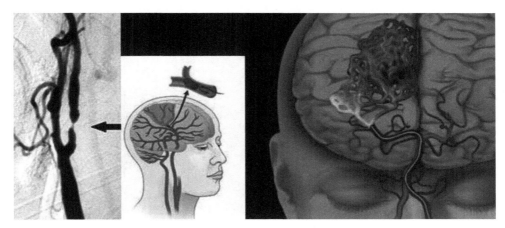

图 4.1　中风在大脑中产生行程

如今，中风是日本残疾的主要诱发原因之一。根据日本厚生劳动省公布的中风患者的统计，2005年，患者人数已超过1400000人。此外，每年至少有13万的患者被证实死于中风，而且这个数字还在不断增加。在中国，14亿的人口中，每年死于中风的患者约为160万，大约每10万人里面有157人罹患中风，已经成为成年人死亡和残疾的主要诱发原因[177]。根据美国心脏协会的数据，每年大约有70万人遭受一次性或周期性中风。这些调查表明，中风治疗难题迫切需要有效的解决方法。

神经康复是在特定的情况下，有针对性地帮助中风幸存者进行复苏。神经康复的目的是应对神经系统中的变化，通过各种疗法提高生活质量。先前的研究已经发现，一些动物和人类的神经元是具有可塑性的[178-181]，且运动皮质功能可以由单独的机能体验[182]来改变，它是身体康复的前提。报道中有些因素或策略是有利于中风的复苏的，包括约束诱导治疗[183]、以任务为导向的培训[184-186]、双边训练[187]。约束诱导治疗期间，患者健侧上肢被约束的时间往往要比使用他们的患肢的时间还要长[188,189]。也有一些报道说，增加患肢的使用是具有长远利益的[190]。一些研究人员调查研究表明，特定任务的阻力训练会增加实验者[191]的整体能力和效率。这类培训可以鼓励更多的合规性和成功的康复干预[192]，而且如果病人投入或者对它感兴趣，便会更积极地参与其中[190,193,194]。

双边训练也许可以得到更有效的结果，因为这些支持来自他们自身[195,196]。不仅仅是中风患者，运动员术后康复、年迈老人运动辅助等也能通过双边训练得到肌力加强。一方面可以预防肌肉萎缩，保持其运动机能；另一方面也可以加强中枢神经到效应器之间的运动通路，这有利于身体机能康复甚至是神经康复。

图 4.2 所示为膝跳反射时运动传导示意图。大脑中枢与肌肉感受器、效应器之间分别通过传入神经和传出神经连接，当中间环节出现断路或者连接受损时便会出现瘫痪情况。由于大脑的复杂与未知性，直接从脑部中枢进行运动机能修复显得较为困难。传统上采用的康复训练是通过对肌肉力量进行加强，从而能够刺激到运动传导神经，达到神经康复效果。因此对肌肉状况的研究对于康复治疗有着非常重要的帮助，而临床上最常用的方法就是通过分析肌肉产生的肌电信号来了解肌肉健康状况。针对肌电信号发展的一系列分析手段，不仅能挖掘出潜藏的运动意图，利用肌电信号控制完成双边康复训练，还能够提供给我们肌肉康复效果评价指标，从而能够提出更为科学有效的康复策略。

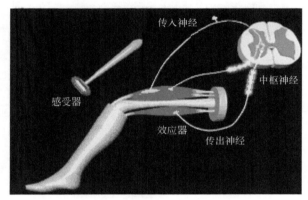

图 4.2　膝跳反射时运动传导示意

4.3
上肢康复机器人研究背景

开发一套有效的上肢康复机器人系统，首先要搭建稳定安全的机械结构，其次要用准确的力学、惯性传感器来检测系统运行状况，然后要有和谐的人机交互环境，最后对于康复过程有一个科学可靠的评价体系。目前研究的上肢康复机器人简单可以分为两种类型：一种是末端执行器式的机器人类型，另一种是外骨骼式的机器人类型。末端执行器型康复机器人比外骨骼康复机器人更受欢迎。在末端执行器中，使用者抓住末端执行器的机器人或手柄。这个把手是与用户交互的唯一接触点。这种机器人通常结构比较简单而且自由度少。由于不是所有的关节都受到抑制，整个系统包括机器人和用户都是冗余的。因此，它不可能检测上肢的完整运动学。通常情况下，多自由度外骨骼康复机器人是建立在关节与肢体关节的耦合中，因此，很容易对上肢进行准确的运动学分析。外骨骼康复机器人需要考虑机电一体化设计，也具备人类上肢的解剖学结构特点，因此，它要比末端执行器型康复机器人更复杂。

4.3.1　末端执行器型上肢康复机器人

如图 4.3 所示，该类机器人中最有名的是 MIT-Manus[197,198]，它有 2 个自由度，可以实现病人的肩、肘和腕在水平和竖直平面内的运动，患者通过完成虚拟环境中的任务辅助进行主/被动训练。另一个机器人——镜像运动（MIME）机器人，提供了双边运动控制，患肢可以跟随非患肢来完成整个动作[199,200]。第三个机器人——Gentle/S，作为一台机器介导治疗来帮助中风患者神经康复，它的目的是改善治疗的质量和降低康复成本[201]。ARM-Guide 是一个单独驱动的、四自由度机器人设备，它包括一个由直流伺服电动机驱动的、具有手持件的定向线性轨道。这些设备可以进行有效的神经康复，这可以通过一些实验和临床试验加以证明[202]。大阪大学的研究人员开发出一种采用电流变液驱动器的机器设备[203]，它能够支持上肢进行三维运动。末端执行器型康复机器人设备比较简单，可以由不同的患者使用，但手臂的姿势不能被确认，并且在训练过程中有伤害到关节的风险[204]。

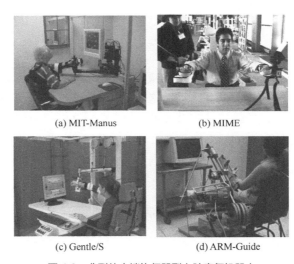

(a) MIT-Manus　　　　　　　(b) MIME

(c) Gentle/S　　　　　　　(d) ARM-Guide

图 4.3　典型的末端执行器型上肢康复机器人

4.3.2　外骨骼上肢康复机器人

外骨骼上肢康复机器人可以解决现有的末端康复机器人中存在的问题。训练运动可以分解成各个关节的子运动的组合。如图 4.4 所示，典型的外骨骼上肢康复机器人，如MEDARM，是基于一个电缆驱动的弯曲的轨道机构，可提供对肩部 5 个主要自由度的独立控制[205]。ARMin 是具备 6 个独立可控自由度和 1 个耦合自由度的外骨骼上肢康复机器人[206]，它可以为中风患者提供主动和被动康复训练，可以显著提高患侧手臂的运动机能。美国研究人员设计了一个人体七自由度驱动的外骨骼康复系统，它是电缆驱动的，且用于神经康复学（CADEN）-7。Exo-UL7 是一种治疗和诊断装置，用于理疗，并且可以向用户提供辅助治疗，甚至可以用作虚拟现实仿真中使用的触觉设备[207]。日本佐贺大学开发出两套外骨骼系统，旧的那套是单自由度用于肘关节运动的外骨骼系统[208]，而最新的基于神经模糊控制的系统具备 2 个自由度，可以用于肘关节、肩关节的移动[209]。RUPERT 可更有效地协助完成日常生活中重复治疗任务[210]，它是由气动肌肉驱动器（PMA）驱动的，具有 5 个自由度。

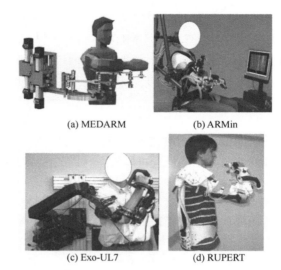

(a) MEDARM   (b) ARMin

(c) Exo-UL7   (d) RUPERT

图 4.4　典型的外骨骼上肢康复机器人

这些系统在上肢康复，包括主动和被动康复训练及足够的运动范围内都有一定的优势。然而，其中大多数设备很重，不容易移动，这限制了训练的位置，并且不适合于家庭使用。RUPERT 是其中最轻的，但精确控制难以实施。在本章后续内容中讨论的上肢外骨骼康复设备（ULERD），它具备结构紧凑、重量轻的特点，能够实现家庭化康复治疗的需要。

4.4

肌电信号

康复训练能够增强肌肉力量，有助于防止肌肉萎缩及促进神经康复，因此对于肌肉状况的研究非常有必要。临床上常用的方法是通过分析肌肉收缩时产生的肌电信号完成对肌肉状况的评价，甚至是对中枢神经康复效果的评价。

肌电信号是骨骼肌收缩中检测到的电流信号，它依赖于肌肉的解剖和生理特性。肌电信号包括骨骼肌各种状态信息，因此被广泛应用于诊断、运动模式识别和人机接口。肌电信号与年龄、皮肤脂肪层和手势等均有关系，这意味着两个人在执行相同的运动时肌电信号是不同的。甚至，当一个人完成两次相同的运动时，肌电信号也不完全相同。因此，很难获得肌电信号和人类运动之间的关系。

有两种方法来获得肌电信号。一种是侵入性获取法，通过插入穿过皮肤的针电极直接进入肌肉获得肌电信号。它是一个标准的临床工具，因为它提供了一种高分辨率的肌肉活动。另一种是非侵入性获取法，通过覆盖在肌肉表面的电极获得肌电信号。一般情况下，在处理表面肌电信号过程中分为 4 个阶段：表面肌电信号采集、分割、特征提取和分类。Putnam 等人建立了基于 sEMG 神经网络技术来识别用户手势图案的实时计算机控制系统[211]。

4.5
康复效果定量评价

康复医学的重要特征之一就是康复效果定量评价，可以赋予训练过程评价系统科学性、针对性和计划性。康复评价通常都是始于训练初期，结束于末期。目前对运动功能进行评价的通用方法主要分为两种：一种是检测内部肌肉力变化，通过肌肉力量变化分析肌肉康复甚至神经康复效果；另一种是检测外部运动模式，让患者完成指定动作，根据他们完成动作的质量来打分作为康复效果的评价指标。

4.5.1　基于肌力的内部评价

肌力是指肌肉或肌群运动时产生的张力，它的评定主要用于评估因神经系统损害导致的神经源性肌力减退的严重程度。最常用的方法就是分析肌电信号（EMG），它是伴随肌肉收缩过程产生的。有研究表明，肌电信号强度与肌力大小具有一定的关系。通过一定手段和模型完成对肌电信号的处理，便能够对于产生该肌电信号的肌肉肌力情况进行预测。基于 EMG 信号的模型包括：关节几何学模型、EMG-肌肉激励过程、肌腱模型。然而它的一个显著缺陷就是，不同的上肢运动关节，如肘关节与上肢肩关节，它们的肌肉参与情况不具有相关性，因此只用一种通用模型和参数设定来计算其他条件下的肌力是不准确的，需要针对肌电信号及所要分析的运动模式提出更为新颖、具有针对性的算法。

4.5.2　基于肢体动作的外部评价

临床常用的将外部运动模式作为康复评价方法有很多种。例如，Brunnstrom 等级评价法，它包括四肢、躯干以及步态的评价内容，每一项分为 5 个功能等级，患侧肢体和健侧肢体均作为其评价目标；上田敏评价法，基本是对于 Brunnstrom 评价法的扩展和细化，将偏瘫恢复期过程增加到 12 级评定；Fugl-Meyer 评价法，从 Brunnstrom 评价法发展而来，它还增加了包括感觉、平衡、关节活动和疼痛、上肢反射及协调反应以及下肢 5 个方面，是目前临床评价较为认可的评价方法，也是本书采用这种评价方法的主要原因。

然而，这些量表评价方式一般需要康复医师的全程参与，利用康复医师的个人经验对患者完成相应动作质量作出判断并逐项打分，最后汇成总分来评定患者的恢复程度。这对于医生的疲劳度和忍耐性都是极大的考验，而且也很难保证结果的客观性。自动化采集检测技术为此提供了有效的技术手段，本书中引入 Kinect 视觉传感器来实现自动定量评价。

Kinect 产品是微软基于 Primer Sense 芯片推出的体感设备，最初是应用在 XBOX360 游戏机上，它具有深度摄像头和 RGB 摄像头，能够采集到视野里的彩色信息以及深度信息。它不仅能利用微软的人体骨架识别库识别人体骨架并获取人体运动，还是一台非常出色的 3D 摄像机。正是由于 Kinect 具备这些优势，有不少研究学者展开了利用彩色结合深度图像信息完成手势识别、目标跟踪方面的研究。针对康复领域，不少研究的重心在于如何利用 Kinect 的游戏趣味性及友善的人机交互性能增强康复患者的融入度及克服康复过程的枯燥无味，然而也有研究人员利用 Kinect 视觉方面的优越性开展了一些行为识别方向的研究。本章利用并改进 Kinect 的骨骼追踪法对上肢关节进行准确定位，从而能够完成视觉传感，完成双边训练任务并基于 Fugl-Meyer 评价表完成自动打分。

4.6
外骨骼上肢康复机器人系统设计

正如前面所提到的，我们已知有两种上肢康复机器人：末端执行器型和外骨骼康复机器人[212]。然而大多数康复设备都过于沉重，不容易移动，这限制了进行康复治疗的地点，不适合家庭康复。虽然也有一些康复机器人确实达到了轻便的目的[213]，但是其使用的一些特殊执行器很难在精度和响应控制上达到令人满意的效果。

在以前的研究中我们也提出了一个使用触觉设备的康复系统，可用于家庭康复。但是它也是一种末端执行器的系统，并不能准确地控制相应的关节。另外，输出的力或触觉装置的力矩不足以支持被动训练[214]。在本书中，我们提出一种结构紧凑、满足家庭化康复治疗要求的上肢康复设备（ULERD）。

该 ULERD 是典型的人机交互（HMI）装置。作为一种人机交互界面装置，它的设计不仅要考虑到执行器材料的选择和结构设计，也需要考虑到上肢运动的解剖和分析。

训练策略主要包括被动康复、积极的康复和双边康复三种[187,215,216]。ULERD 可以执行一种或几种策略。一般来说，虚弱的中风患者可以选择执行被动康复策略，而轻度中风幸存者进行积极的康复治疗会取得较好的效果，偏瘫患者往往需要双边康复。因此，这种康复系统的设计与开发应考虑上述事实。

4.6.1　人体上肢解剖学分析

作为外骨骼设备，所述 ULERD 已在设计上考虑到人体上肢解剖分析。通过参照现有专业文献中的信息，人体上肢的肘关节与腕关节的运动是可以被识别的，包括肘关节屈/伸（图 4.5）、前臂内旋/外旋和腕关节屈/曲。特别是前臂内旋/外旋的运动机构将决定 ULERD 紧固到前臂的地方。与其他系统不同的是，我们并未忽略手腕和肘部屈/伸轴的变化。人体上肢解剖分析的另一个贡献是：确认每个运动，从而设计各关节与安全机构的动作范围。

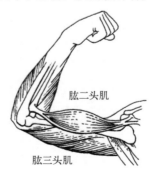

图 4.5　肘关节示意图及主要骨骼肌展示

图 4.5 所示为上肢肘部运动涉及的主要肌肉群：肱二头肌和肱三头肌。

4.6.2　外骨骼上肢康复机器人整体设计

根据前面分析得知，外骨骼康复机器人相比于末端执行器机器人，其关节与人体肢体关节的耦合度更高，更容易获得上肢的准确的运动学模型，从而能够进行可靠的辅助训练。本书的研究采用的即外骨骼式结构（Upper-limb Exoskeleton Rehabilitation Device, ULERD）。为了满足未来家庭化康复便携性的要求，我们根据本领域其他研究者和经验丰富的治疗医师提供的建议，以及一些特殊的要求，设计 ULERD 结构如图 4.6 所示。

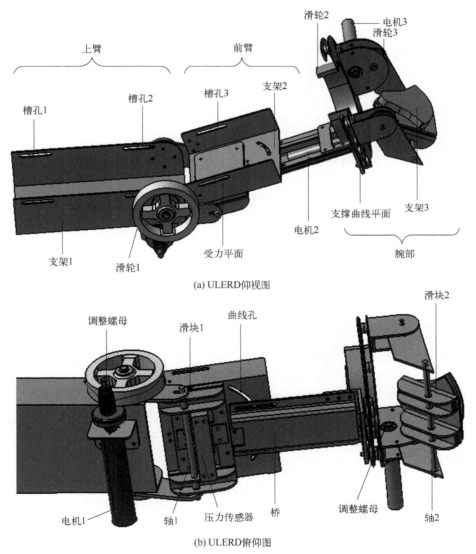

(a) ULERD仰视图

(b) ULERD俯仰图

图 4.6　ULERD 设备的三维结构

结构设计上可以分为上臂、前臂和腕部三部分。上臂长 18cm、宽 9.5cm、高 4.5cm，边上有两对孔，可以使用弹性带绑住上臂；前臂长 10cm、宽 10.4cm，与上臂通过固定轴连接，同样也有一对孔，利用弹性带绑住前臂；腕部内圆直径为 7.5cm，用于放置腕部及带动腕部转动，手柄是常用的固定装置，也可以不用。腕部与前臂之间连接板长度可调，适用于不同人的手部条件。设备的驱动方式是由滑轮线驱动，一方面为了减少重量，另一方面控制方法较为简单。同时，其结构特点具备以下几点优势：

（1）佩戴的稳定性

设备之间的主要区别在于用户的支持，因此，首先需要考虑的是稳定。这包括两个部分：电机安装策略和如何固定 ULERD 上肢。反扭矩是电机安装时主要考虑的方面，如果电机安装不合理，ULERD 将移动相关用户的上肢，特别是肘关节。因此，肘关节电机的反力矩方向应垂直于上臂的轴，如图 4.6（a）所示。

第二部分是设备的固定。在图 4.6（a）所示的装置中，采用弹性带穿过槽孔固定上臂部分。这种类型的固定方法不仅为设备提供了足够的支持，也减少了肱二头肌收缩的影响。解剖学中，前臂内旋和外旋，主要是由于桡尺骨的头部的半径前端。因此，前臂部件被紧固靠近肘关节便于前臂内旋和外旋。手柄是常用的用于手部的固定设备[217,218]。然而，手柄不适合不能够把握它的患者，因此，在 ULERD 中使用者的手可用弹性腰带固定到框架 3 上。

（2）低重量

高重量的设备不仅消耗过多的能量，也会使得病人感觉不舒服[219,220]。为满足家庭化设备重量尽可能轻的要求，本设计采用 BLDC 电机（Maxon 公司技术）来降低设备的重量，它具有高功率密度和高的齿轮比减速机，同时使用了电缆驱动方式。设备的主骨架采用铝合金板，其总质量约为 1.3kg。

（3）仿上肢解剖学标准设计

前面所述的 ULERD 是一个外骨骼设备，它可以与解剖关节上方对齐[221,222]，分别通过轴和滑槽提供肘关节 2 个自由度（一个平移和一个旋转）和手腕关节 2 个自由度（一个平移和一个旋转）[223]。

（4）合理的支持扭矩和运动范围

作为用于上肢康复的便携式外骨骼设备，应对患者提供足够的支持，如果通过设备中的每个关节施加扭矩过大会导致效果不好。根据医生的经验，体虚患者一般情况下肘部持续最大扭矩为 15N·m，另外 2 个自由度为 7N·m。活动范围是另一个关键的要求，这会涉及机械康复过程的安全性问题。一般来说，人类肢体和设备的运动范围见表 4.1。为了增加设备对于不同穿戴者的适用性，图 4.6（b）肘部中增加了可伸展滑台，用于调节不同穿戴者的手臂尺寸差异性。

表 4.1　ULERD 和人类上肢的运动范围

肢体动作　　　　　活动范围	人体关节活动范围/(°)	设备关节活动范围/(°)
肘部屈/伸	140/0	180/0
前臂内旋/外旋	85/70	85/75
腕部屈/伸	73/70	70/65

本节描述的新的康复设备具有以下几个优点：它使用铝合金材料，质量只有 1.3kg，结构设计也较为紧凑，并能绕肘关节进行伸缩。它的活动更加符合人体关节特点，安全性可以得到保证，而且操作更加直观简单，易于使用。

4.6.3　肘部关节双边康复训练

现有的大多数上肢康复研究主要集中在单边训练，即仅在受损上肢进行康复。然而，在某些训练方法中，中风幸存者的上肢必须有所限制，因为这些四肢会不自觉地弥补本应由受损上肢完成的任务，这被称为约束运动疗法（CIMT）[190]，对于受损肢体康复非常有效，但很多患者对这种疗法并没有太大兴趣[194]。双边训练可以解决这个问题，因为一半的中风患者患有偏瘫[224]。双边训练的一大好处就是帮助每个患者保留运动中肢体完整的体验，而受损肢体的运动功能可以在这方面的体验指导下恢复[195]。有些文献提到受损肢体跟随未损伤肢体动作时，它的情况会有所好转[196,225]。在本书的研究中，利用传感器 MTx 和触觉装置 phantom 采集肢体数据，驱动 ULERD 完成双边康复训练。

由前述可知，只有极少数的康复机器人改为了双边训练。MIME 是执行双边训练的，然而，它是一个适于 PUMA 的机器人而不是一个外骨骼装置，并且它的健康肢体被前臂夹板所限制。另一种双边的手臂训练机器人是基于主从控制方法的发展，主要用于肘关节的训练[226]。在本书的研究中，外骨骼装置（ULERD）被用来协助身体轻度中风患者训练肘部和手腕[219]。另一方面，触觉装置 phantom 因为很容易操纵且受到干扰较少被设置为主动端，引导受损肢体的运动，而且它也能够检测肢体的运动信息及交互力的信息。MTx 穿戴在患侧肢体用来采集肢体关节运动角度。

在这个项目中，首先设计了一个 ULERD，用来对患者执行肘部和手腕的支持运动。它比现有由马达驱动的设备重量更轻，结构更紧凑，并且能够绕肘关节进行屈伸。接着，我们旨在实现使用 ULERD 和商业触觉设备 phantom 的双边训练，由具有丰富经验的物理治疗师对上肢康复效果进行评估。考虑安全性这一关键性的要求，初期实验是由健康用户执行以评估该系统。在这个训练策略中，用户用左手操纵触觉装置的手柄代表了健康手臂。该 ULERD 穿到右侧肢体代表受损的肢体。操纵的信息可以在运动解码装置（MSU）通过使用控制单元（CU）驱动 ULERD 三个马达，双侧同步运动。

在本书中，我们所述的双边训练是指运动被镜像，每个肢体关节遵循相同的角度[195]，这使得完整和受损双方同步运动。这种类型的训练已在前期的研究中被证明是有效的[227]，前提是使用这些设备实现双边训练可以检测肢体运动完好性。通过将每个关节的角度速度发送到控制单元（CU），驱动设备带动患侧上肢完成双边训练。图 4.7 显示了详细的双边康复训练原理示意图，整体可以分为 4 部分，分别是主端的数据采集、从端设备、智能控制及特性评价。

4.6.4　实验所需设备

实验中使用的是一个名为 phantom（SensAble 公司，USA）的触觉装置，如图 4.8（a）所示。此装置具有 6 个自由度，并可以得到触笔三维坐标和施加在三轴的力。

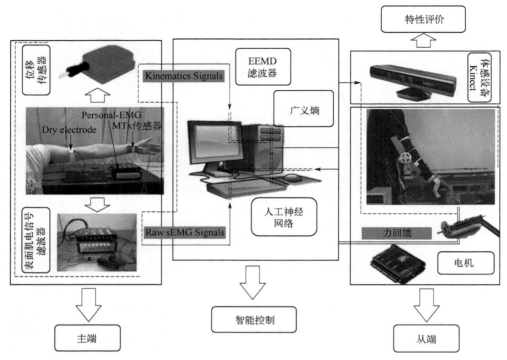

图 4.7　双边康复训练原理示意图

工作区尺寸为 160mm×120mm×70mm。可以通过触笔输入三维位置信息，并且可以通过触笔来获得触觉反馈。触觉器件的外形示于图 4.8（a）。其主要参数如表 4.2 所示。

表 4.2　触觉装置参数

参数	数值
工作空间	160mm×120mm×70mm
后驱动摩擦	<0.26N
最大施加力	3.3N
连续施加力	>0.88N
硬度	X 轴>1.26N/mm
	Y 轴>2.31N/mm
	Z 轴>1.02N/mm
惯性	45g
力反馈	三自由度
位置感知	X, Y, Z 数字编码器

其次是惯性传感器，如图 4.8（b）所示，它具备体积小、重量轻、材质坚固的特点，能够跟踪物体在三维空间中的方向。传感器只有 30g，意味着它容易附着到肢体或关节。该传感器包括三维加速度计、磁强计和陀螺仪。加速度计用于测量传感器的加速度，而磁强计可以测量地球磁场的强度。因此，该传感器可以测量相对于磁北极的偏移。陀螺仪可以用于测量传感器的角速度，与此同时，它们采集的数据可以实时输出到 PC。惯性传感器的规格如表 4.3 所示。

(a) Phantom

(b) MTx惯性传感器

图 4.8　实验室所需设备

表 4.3　MTx 传感器的特性

参数	转动率	加速	磁场
维度	3	3	3
满尺度(FS)	$\pm 1200^\circ/s^2$	$\pm 50m/s^2$	$\pm 750mGs$
线性度	0.1% FS[①]	0.2% FS	0.2% FS
稳定偏差	$1^\circ/s$	$0.02m/s^2$	0.1mGs
稳定尺度因子	—	0.03%	0.5mGs
噪声	0.05（°/s）/Hz	0.002（m/s²）/Hz	0.5mGs
带宽	40Hz	30Hz	10Hz
最大更新率	512Hz	512Hz	512Hz

①%FS 为满程量时候的误差。

传感器的坐标分别如图 4.9 所示。在图中，(θ,φ,ψ) 是欧拉角，可以计算出式（4.1）和式（4.2）。

$$\omega(t) = \int_0^t \alpha(t)\mathrm{d}t \tag{4.1}$$

式中，$\alpha(t)$ 是在任一时间的旋转加速度，$\omega(t)$ 为任一时间的旋转速度。

$$\theta(t) = \int_0^t \omega(t)\mathrm{d}t \tag{4.2}$$

式中，$\theta(t)$ 为任一时间的欧拉角度。

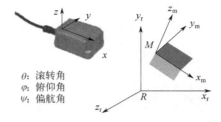

θ：滚转角
φ：俯仰角
ψ：偏航角

图 4.9　MTx 坐标 M 相对于参考坐标 R

4.6.5　运动控制解决方案

要实现利用健侧上肢和 ULERD 设备完成双边训练的目的，需要的解决方案总共包括三部分，分别是 ULERD、上肢的正向运动学、最后实施的 PID 控制。首先介绍正向运动学。

正向运动学是指最后框架坐标和基座坐标之间的关系。先简单介绍连杆结构之间的连接关系来说明 DH 参数。为了描述两个坐标系需要 4 个参数：a_i、α_i、d_i、θ_i，如图 4.10 所示，a_i、α_i 描述连杆 i，d_i、θ_i 描述连杆怎么连接到下一个的。这 4 个参数的意义如下，并且其中一个是变量：

① 两个杆之间的距离 a_i：沿着 X_i 的距离(Z_i, Z_{i+1})。

② 两个杆之间的角度 α_i：沿着 X_i 的角度(Z_i, Z_{i+1})。

③ d_i：沿着 Z_i 的距离 (X_{i-1}, X_i)。

④ θ_i：沿着 Z_i 的角度 (X_{i-1}, X_i)。

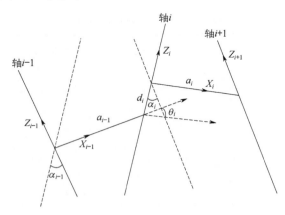

图 4.10　Denavit-Hartenberg 符号参考示意

建立关节坐标帧之后便能找到 DH 参数了。从 J_i 到 J_{i-1} 的传递矩阵为

$$\boldsymbol{T}_i^{i-1} = \text{Rot}(x_{i-1}, \alpha) \times \text{Trans}(a, 0, 0) \times \text{Rot}(Z_i, 0) \times \text{Trans}(0, 0, d)$$

$$= \begin{bmatrix} c\theta_i & -s\theta_i & 0 & a_{i-1} \\ s\theta_i c\alpha_{i-1} & c\theta_i c\alpha_{i-1} & -s\alpha_{i-1} & -s\alpha_{i-1} d_i \\ s\theta_i s\alpha_{i-1} & c\theta_i s\alpha_{i-1} & c\alpha_{i-1} & c\alpha_{i-1} d_i \\ 0 & 0 & 0 & 1 \end{bmatrix} \tag{4.3}$$

式中，c 代表余弦信号，s 代表正弦信号。

（1）ULERD 设备正向运动学

如图 4.11 所示，用比较传统的描述机器人动力学的方法来描述 ULERD 设备。R 代表的是外卷的关节（Revolute Joint），P 代表的是棱柱关节（Prismatic Joint）。如图 4.12 所示，ULERD 中有三个 R 关节，一个 P 关节。

图 4.11　外骨骼康复设备 ULERD

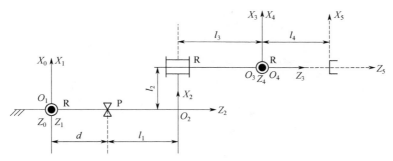

图 4.12　外骨骼康复设备 ULERD 的运动学分析示意

通过对外骨骼康复设备 ULERD 进行运动学分析，可知它的初始化配置如表 4.4 所示，根据 DH 参数的定义及符号规则可以计算各个关节的参数（l_1=8.3mm，l_2=6.3mm，l_3=3.55mm，l_4=7.5mm）。

表 4.4　关节的 DH 参数

i	α_{i-1}	a_{i-1}	d_i	θ_i
1	0	0	0	θ_1
2	90	0	d+l_1	0
3	0	l_2	l_3	θ_2
4	−90	0	0	θ_3
5	90	0	l_4	0

在得到 ULERD 的前向动力学分析参数后，需要计算与 DH 参数相关的单个传递矩阵，找到整个传递矩阵，接着可以确定末端操作器的 X、Y、Z（prismatic joint 的位置）以及方向（关节角度）。从 i 到 $i-1$ 的传递矩阵计算如下：

$$\boldsymbol{T}_1^0 = \begin{bmatrix} c_1 & -s_1 & 0 & 0 \\ s_1 & c_1 & 0 & 0 \\ 0 & 0 & 1 & 0 \\ 0 & 0 & 0 & 1 \end{bmatrix} \quad \boldsymbol{T}_2^1 = \begin{bmatrix} 1 & 0 & 0 & 0 \\ 0 & 0 & -1 & -d-l_1 \\ 0 & 1 & 0 & 0 \\ 0 & 0 & 0 & 1 \end{bmatrix} \quad \boldsymbol{T}_3^2 = \begin{bmatrix} c_2 & -s_2 & 0 & l_2 \\ s_2 & c_2 & 0 & 0 \\ 0 & 0 & 1 & l_3 \\ 0 & 0 & 0 & 1 \end{bmatrix}$$

$$\boldsymbol{T}_4^3 = \begin{bmatrix} c_3 & -s_3 & 0 & 0 \\ 0 & 0 & -1 & 0 \\ -s_3 & -c_3 & 0 & 0 \\ 0 & 0 & 0 & 1 \end{bmatrix} \quad \boldsymbol{T}_5^4 = \begin{bmatrix} 1 & 0 & 0 & 0 \\ 0 & 0 & -1 & -l_4 \\ 0 & 1 & 0 & 0 \\ 0 & 0 & 0 & 1 \end{bmatrix} \tag{4.4}$$

因此，整个传递矩阵从 N 到 0 的计算如下：

$$\boldsymbol{T}_k^0 = \boldsymbol{T}_1^0 \boldsymbol{T}_2^1 \cdots \boldsymbol{T}_{k-1}^k \boldsymbol{T}_k^{k-1} \tag{4.5}$$

每个关节的传递矩阵如下：

$$\boldsymbol{T}_2^0 = \begin{bmatrix} c_1 & 0 & s_1 & s_1(d+l_1) \\ s_1 & 0 & -c_1 & -c_1(d+l_1) \\ 0 & 1 & 0 & 0 \\ 0 & 0 & 0 & 1 \end{bmatrix} \quad \boldsymbol{T}_3^0 = \begin{bmatrix} c_1c_2 & -c_1s_2 & s_1 & c_1l_2+s_1(d+l_1+l_3) \\ s_1c_2 & -s_1s_2 & -c_1 & s_1l_2-c_1(d+l_1+l_3) \\ s_3 & c_3 & 0 & 0 \\ 0 & 0 & 0 & 1 \end{bmatrix}$$

$$T_4^0 = \begin{bmatrix} c_1c_2c_3 - s_1s_3 & -c_1c_2s_2 - c_3s_1 & c_1s_2 & c_1l_2 + s_1(d + l_1 + l_3) \\ s_1c_2 & -s_1s_2 & -c_1 & s_1l_2 - c_1(d + l_1 + l_3) \\ s_2c_3 & -s_2s_3 & -c_2 & 0 \\ 0 & 0 & 0 & 1 \end{bmatrix}$$

$$T_5^0 = \left[\begin{array}{ccc:c} c_1c_2c_3 - s_1s_3 & c_1s_2 & c_1c_2s_3 + c_3s_1 & T_{Px} \\ s_1c_2 & -s_1s_2 & s_1s_3c_2 - c_1c_3 & T_{Py} \\ s_2c_3 & -c_2 & s_2s_3 & T_{Pz} \\ \hdashline 0 & 0 & 0 & 1 \end{array}\right] = \left[\begin{array}{c:c} \boldsymbol{T_R} & \boldsymbol{T_P} \\ \hdashline \boldsymbol{0} & \boldsymbol{1} \end{array}\right]$$

$$T_P = \begin{bmatrix} l_4c_1c_2s_3 + c_1l_2 + s_1(d + l_1 + l_3 + l_4c_3) \\ l_4s_1s_3c_2 + s_1l_2 - c_1(l_4c_3 + d + l_1 + l_3) \\ l_4s_2s_3 \end{bmatrix} \qquad (4.6)$$

式中，$\boldsymbol{T_R}$ 代表旋转矩阵，$\boldsymbol{T_P}$ 代表偏移矩阵。

（2）上肢正向运动学

下面同样对健侧前臂和手的 DH 参数约定进行分析[228]。如图 4.13 所示，这些帧的起源被指定为 $\{O_0\}$、$\{O_1\}$、$\{O_2\}$、$\{O_3\}$ 和 $\{O_4\}$。第 0 帧被固定在肘关节，这是不动的。当用户用左手握住它时，框架 4 的原点被定位在 phantom 端部执行器的旋转中心，且框架 4 固定在框架 3 上。因此，便可以得到用户的手与末端执行器 phantom 之间的便利关系。假定图 4.13 作为初始状态的手的位置和姿势，并获得了上肢的几何参数，θ_1 是肘关节伸展和弯曲的角度，θ_2 是前臂旋前/旋后的角度，θ_3 是手腕伸展/弯曲的角度。正向运动学的上肢能够从等式（4.7）中得到。

$${}^0A_4 = {}^0A_1 {}^1A_2 {}^2A_3 {}^3A_4 = \begin{bmatrix} -c_1c_2c_3 - s_1s_3 & -c_1c_2s_3 + s_1c_3 & -c_1s_2 & (s_1c_3 - c_1c_2s_3)d_1 + c_1s_2d_2 + s_1l \\ c_1s_3 - s_1c_2c_3 & -s_1c_2s_3 - c_1c_3 & -s_1s_2 & -(s_1c_2s_3 + c_1c_3)d_1 + s_1s_2d_2 - c_1l \\ -s_2c_3 & -s_2s_3 & c_2 & -s_2s_3d_1 - c_2d_2 \\ 0 & 0 & 0 & 1 \end{bmatrix}$$

$$(4.7)$$

式中，c 代表余弦信号，s 代表正弦信号，${}^iA_j$ 代表从帧 i 到帧 j 的转移矩阵，d_1、d_2、l 等参数在图 4.13 中显示。

（3）phantom 正向运动学

对于正向运动学，要获得 phantom 末端的位置和姿势。该 API 工具箱提供包括描述端部执行器侧倾、俯仰和横摆的一个 4×4 变换矩阵；然而，用它难以转换为用户左肢的关系。因此，基于安装在每个关节的编码器，运用 DH 算法得到从基部到端部执行器的运动学分析。图 4.14 显示基础的一帧、每个链接的六帧，从而可以获得 phantom 整个变换矩阵。

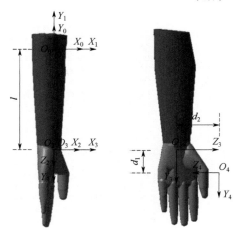

图 4.13　上肢的帧绑定

$$
{}^{0}A_{6} = {}^{0}A_{1}\,{}^{1}A_{2}\,{}^{2}A_{3}\,{}^{3}A_{4}\,{}^{4}A_{5}\,{}^{5}A_{6} = \begin{bmatrix} n_x & o_x & a_x & p_x \\ n_y & o_y & a_y & p_y \\ n_z & o_z & a_z & p_z \\ 0 & 0 & 0 & 1 \end{bmatrix} \tag{4.8}
$$

其中

$$n_x = c_1 c_{(2+3)} c_5 c_6 - c_1 s_{(2+3)} \left(c_4 c_6 - s_4 s_5 s_6 \right) + s_1 \left(c_4 s_5 s_6 - s_4 c_6 \right)$$

$$n_y = s_1 c_{(2+3)} c_5 c_6 - s_1 s_{(2+3)} \left(c_4 c_6 - s_4 s_5 s_6 \right) - c_1 \left(c_4 s_5 s_6 - s_4 c_6 \right)$$

$$n_z = s_{(2+3)} c_5 c_6 - c_{(2+3)} \left(c_4 c_6 - s_4 s_5 s_6 \right)$$

$$o_x = c_1 c_{(2+3)} c_5 c_6 + c_1 s_{(2+3)} \left(c_4 s_6 + s_4 s_5 c_6 \right) + s_1 \left(c_4 s_5 c_6 - s_4 s_6 \right)$$

$$o_y = s_1 c_{(2+3)} c_5 c_6 + s_1 s_{(2+3)} \left(c_4 s_6 + s_4 s_5 c_6 \right) - c_1 \left(c_4 s_5 c_6 - s_4 s_6 \right)$$

$$o_z = s_{(2+3)} c_5 c_6 - c_{(2+3)} \left(c_4 s_6 - s_4 s_5 c_6 \right)$$

$$a_x = c_1 c_{(2+3)} s_5 - c_1 s_{(2+3)} s_4 c_5 - s_1 c_4 c_5$$

$$a_y = s_1 c_{(2+3)} s_5 - s_1 s_{(2+3)} s_4 c_5 + c_1 c_4 c_5$$

$$a_z = s_{(2+3)} s_5 + c_{(2+3)} s_4 s_5$$

$$p_x = c_1 c_{(2+3)} k + c_1 c_2 L$$

$$p_y = s_1 c_{(2+3)} k + s_1 c_2 L$$

$$p_z = s_{(2+3)} k + s_2 L + d$$

其中，$s_{(2+3)}$ 代表 θ_2 和 θ_3 的总和的正弦信号。

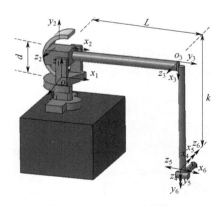

图 4.14　Phantom 的帧绑定

（4）整合上肢与 phantom 正向运动学

图 4.15 显示了初始状态，当用户用左手握住 phantom 的末端执行器时，根据该图，从上肢到 phantom 原始帧的变换矩阵是

$$
{}^{h}\boldsymbol{A}_{p} = \begin{bmatrix} 0 & 0 & -1 & -r \\ -1 & 0 & 0 & n \\ 0 & 1 & 0 & m \\ 0 & 0 & 0 & 1 \end{bmatrix} \tag{4.9}
$$

式中，n、r 和 m 分别是上肢初始坐标轴与 phantom 初始坐标轴在 X、Y 和 Z 轴之间的位移。从上肢帧 4 到 phantom 基帧的变换矩阵可以得到

$$
{}^{0}\boldsymbol{T}_{4} = {}^{h}\boldsymbol{A}_{p}{}^{0}\boldsymbol{A}_{4} \tag{4.10}
$$

$$
{}^{0}\boldsymbol{T}_{4} = \begin{bmatrix} s_2c_3 & s_2s_3 & -c_2 & s_2s_3d_1 + c_2d_2 - r \\ c_1c_2c_3 + s_1s_3 & c_1c_2s_3 - s_1c_3 & c_1s_2 & (c_1c_2s_3 - s_1c_3)d_1 - c_1s_2d_2 - s_1l + n \\ c_1s_3 - s_1c_2c_3 & -s_1c_2s_3 - c_1c_3 & -s_1s_2 & -(s_1c_2s_3 + c_1c_3)d_1 + s_1s_2d_2 - c_1l + m \\ 0 & 0 & 0 & 1 \end{bmatrix} \tag{4.11}
$$

因为端部执行器被固定在用户的手部，从 phantom 的帧 6 到上肢帧 4 的变换矩阵是相同的。因此，可以计算出：

$$
\theta_1 = \arccos\left\{\left[s_1c_{(2+3)}s_5 - s_1s_{(2+3)}s_4c_5 + c_1c_4c_5\right] / s\theta_2\right\} \tag{4.12}
$$

$$
\theta_2 = \arccos\left[-c_1c_{(2+3)}s_5 + c_1s_{(2+3)}s_4c_5 + s_1c_4c_5\right] \tag{4.13}
$$

因为 θ_3 不依赖于 θ_1 或者 θ_2，用一个单一的公式来计算 θ_3 将使误差变高，因此，采用下面的复合函数：

当 $0 < \theta_2 < 0.05$ 时，有

$$
\theta_3 = \arcsin\left[s_1c_{(2+3)}c_5c_6 + s_1s_{(2+3)}\left(c_4s_6 + s_4s_5c_6\right) - c_1\left(c_4s_5c_6 - s_4s_6\right)\right] - \theta_1
$$

当 $\theta_2 \geqslant 0.05$ 时，有

$$
\theta_3 = \arcsin\left\{\left[c_1c_{(2+3)}c_5c_6 + c_1s_{(2+3)}\left(c_4s_6 + s_4s_5c_6\right) + s_1\left(c_4s_5c_6 - s_4s_6\right)\right] / s\theta_2\right\} \tag{4.14}
$$

利用上面的公式得到肘关节伸展/屈曲、前臂内旋/外旋、伸腕/屈曲的运动。旋转速度也可以采用这种技术获得，但因为它相当复杂，我们使用程序来确定该值。

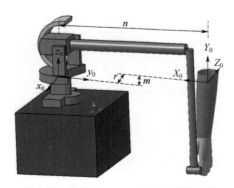

图 4.15　整合 Phantom 及上肢的帧绑定

（5）运动控制

双边训练中关节间隙对称、角度跟踪被认为是这种策略的本质，角度是速度对时间的积分，所以选择速度控制模型作为控制单元（CU）。

如式（4.15），由一个 PID 控制器的一般方程可以看出，$U(t)$ 是 PID 控制器的输出信号，它是比例项、积分项和微分项的总和。

$$U(t) = K_p e(t) + K_i \int e(t)\mathrm{d}t + K_d \mathrm{d}e(t) / \mathrm{d}t \tag{4.15}$$

大比例增益 K_p 提高了该系统的响应，但会导致更大的误差，过大的比例增益 K_p 会导致系统的不稳定；具有较大的积分增益 K_i，系统的稳态误差减小得更快；具有较大的微分增益 K_d，系统的过冲可以减小。在这项研究中，Maxon 电机控制器提供了友好的用户界面来设置相关参数，包括 PID 的相关参数。另一种方法是使用由 Maxon 公司技术提供的 API 函数。

4.6.6　实验验证

实验中，一个健康的实验者用他的左侧肢体操纵 phantom，它代表了健侧肢体，穿戴着 ULERD 托着他的右侧肢体，代表受损的肢体，MTx 用于健侧肢体运动角度的测量。为了简单示意双边康复过程，图 4.16 显示了一个实验人员穿戴 MTx 传感器和 ULERD 进行双边训练。

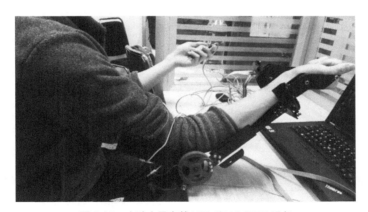

图 4.16　实验人员穿戴 MTx 和 ULERD 设备

实验要求实验人员顺序执行一次伸肘，一次前臂内旋，一次手腕伸展，一次屈腕，一次前臂外旋以及一次屈肘。表 4.5 所示为实验参数。

表 4.5　实验参数

参数	l	k	m	r	d_1	d_2	n	d
值/mm	460	460	20	100	60	100	460	130

图 4.17（a）表示左肢的肘关节伸展和屈曲角度，这些是被 phantom 或 MTx 传感器所检测的，也表示了 ULERD 的关节旋转角度。纵轴代表角度，横轴代表时间。由 phantom

检测并通过 MSU 获得的旋转角度,在一定程度上接近那些用 MTx 传感器检测的结果。两个轨迹之间也存在一些小偏差。这种情况下可以认为,肘关节的旋转轴在做伸展和弯曲期间发生改变,从而使上臂并不稳定,且 MTx 传感器在腕旋前和旋后也并不稳定。对 phantom 数据进行处理作为输入信号和肘关节的旋转电机输出同步,从而使这两个轨迹保持彼此接近。

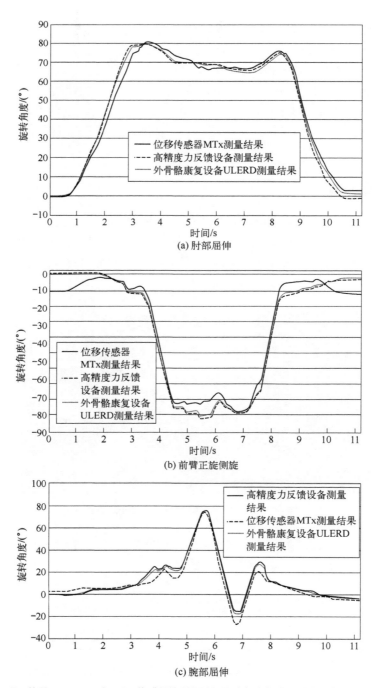

(a) 肘部屈伸

(b) 前臂正旋侧旋

(c) 腕部屈伸

图 4.17　使用 phantom 及 MTx 传感器检测左肢的运动以及右肢 ULERD 电机的旋转角度

图 4.17（b）和（c）表示由 phantom、MTx 传感器和 ULERD 的关节角度检测的前臂内旋/外旋及腕伸展/弯曲。图中表明，MTx 传感器和 phantom 检测角度的轨迹更一致。换句话说，手掌的姿态检测更加准确。这些结果还表明，该方法是有效的，并可以用于检测上肢运动。

该 ULERD 被设计成一个用于上肢康复可穿戴式外骨骼装置。该机制可以被优化，材料可以改变，因为 ULERD 通过手工完成设计。本章提出了这种装置的一些原有设计，但它仍然是在实验室水平，并且不能直接用于应用程序。

虽然 phantom 和惯性传感器之间存在一些轨迹偏差，但身体康复不要求像手术一般高的精度；另一方面，误差在一定程度上是由于皮肤、肌肉和上肢骨骼运动引起的。

在初期实验中，健康用户参加实验执行双边训练，并对评估系统进行运动学分析。他需要放松，且不对设备进行操作。即使在这种情况下，也很难分析性能的动态。因此，该运动被认为是唯一的，这可以通过使用速度和位置环控制来实现。

对于机械设备的控制，一般比较简单，主从控制流程如图 4.18 所示。利用传感器采集健侧肢体动作信息，提交至上位机处理，对机械设备发送指令进行控制。

电机一般具有正转、反转和静止三种状态，分别由 5V、0V 和 2.5V 进行控制。通过对 MTx 采集角度数据进行处理，如阈值检测，可以输出电压值 0～5V 完成电机的三种状态变换（图 4.19）。

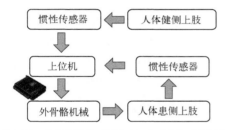

图 4.18　使用惯性传感器 MTx 完成双边康复控制

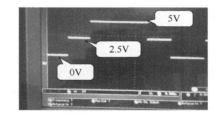

图 4.19　示波器显示不同电机运动状态的电压值

为了使电机状态变换更为平滑流畅，采用了双线性插值法对输出电压进行整定。图 4.20 显示的是实验者穿戴外骨骼设备并利用 MTx 完成主从控制。

图 4.20　实验者利用 MTx 对机械装置进行控制

127

4.7
基于肌电信号的肘部运动识别与控制

从前面的介绍中发现有许多方法实施上肢康复策略。相比其他传感器，生物信号具备更多的好处和优势来实施这些策略。一种典型的就是生物肌电信号（EMG）。

肌电信号是一种检测到骨骼肌收缩时产生电流的生物医学信号，它是与肌肉的解剖和生理状态有关的复杂信号。常用两种方法来检测肌电信号[229]：一种是侵入式，将针电极埋入皮肤；另一种是非侵入式，通过安装在皮肤表面的电极片来采集。根据肌电模型[230]，从表面肌肉采集的信号比从更深的肌肉采集到的信号具有更高的频率和幅度。在本书中，采用的是表面肌电信号来进行下一步工作。

肌电图在 200 年前被发现，但直到最近的几十年里，肌电图才在电子和自动化技术研究和应用中得到快速发展。Oskoei 和 Hu 对于肌电信号的研究是，肌电图信号可广泛应用于如多功能假肢、轮椅、抓控制和手势识别等[231]。不同的方法被提出应用于不同的领域。一种希尔肌肉模型被提出来解释肌肉活动和 EMG 信号的关系[232]，并将其用于估计驱动外骨骼中的人类关节扭矩[233]。对于康复外骨骼机器人，Krebs 团队提出了一种使用 EMG 信号驱动中风患者上肢运动的康复系统[234]。在这个领域中如何处理分析信号，并识别实时的运动是很重要的，几乎所有研究者都会面对。Yu 等人还提出另一种利用上臂和肩部肌电信号实时跟踪人类手臂运动的算法[235]。Jiang 等人利用小波变换及四层前馈神经网络完成 EMG 信号实时处理，从而控制膝盖外骨骼结构[236]。在这一章中，通过执行肘部屈伸动作，同时这些动作的表面肌电信号被记录下来，并通过使用自回归 AR 模型和小波包均值分析，以及后期提出的应用 EEMD 和参数熵的方法提取肌电信号有效的运动特征，最后利用人工神经网络（ANN）算法结合惯性传感器数据来完成运动识别。

EMG 的处理主要包括 4 个阶段：信号采集、信号分割、特征提取和分类。在第一阶段（信号获取）有两种方法：侵入式和非侵入性。在第二阶段（信号分割）也有两种方法：不相交和重叠。不相交分割意味着信号被隔开一个预定的长度；重叠分割是指一个段滑过当前段具有一定的交叉。Oskoei 和 Hu 通过比较分类性能评估这两种方法[237]。他们指出，重叠分割的分类性能比不相交分割高。在特征提取的第三阶段，常用的分析方法有时域、频域和时频域[238]，一般情况下，它们可以被分离成三种类型。时域的方法主要有综合 EMG（IEMG）、平均绝对值（MAV）、改进的平均绝对值（MMAV）、平均绝对值斜率（MAVS）、均方根（RMS）、方差（VAR）、波形长度（WL）、过零（ZC）等[238,239]。频域的方法主要有自回归系数（AR）、频率中位数（FMD）、修改频率中位数（MFMD）等[239]。时频域的方法在频域的基础上进行了开发，包括短时傅里叶变换（STFT）、小波变换（WT）和小波包变换（WPT）[240]，以及基于自适应分解的固态模函数（EMD）和作为改进方法的集合固态模函数（EEMD）。在第四阶段，典型的方法是人工神经网络（ANN），它比较擅长于处理非线性问题[240]。除了它，还有贝叶斯分类器（BC）、模糊逻辑分类器（FLC）和支持向量机（SVM）。

本节将主要介绍集合经验模式分解（EEMD）进行预处理和滑动窗口参数熵作为特征提

取手段来揭示肌电信号内在信息。我们知道熵能处理非线性问题，针对肌电信号这类非线性非平稳性信号来说最能够揭示其内在特征。EEMD 算法其实是 EMD 算法的改进，在去除高斯白噪声影响方面有一定的优势。EMD 算法的核心就是能够利用信号自身特点自适应地将其分解为若干模式（IMF 分量），它是拓扑等价的幅度和频率调制的正弦信号。EMD 已经证明在检测和去除表面肌电信号背景噪声中的相关特征是有效的[241]。集合 EMD（EEMD）能够克服由 EMD 诱导产生的一系列高斯白噪声，从而进一步提高了表面肌电去噪性能[242]。它们对于表面肌电信号的自适应处理和本征表征能力相比其他数字滤波器都有非常大的优势。

　　本节进行的肘关节屈伸动作是在矢状面上。虽然它可能涉及肱二头肌、肱三头肌等肌肉，但由于上臂放松的关系，很适合从肱二头肌一个通道采集肌电信号完成动作识别。图 4.21 显示了整个识别系统的流程，涉及 5 个部分：数据采集、数据预处理、特征提取、动作识别和双边康复。

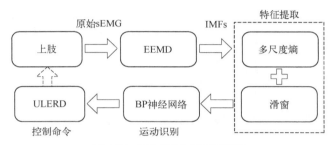

图 4.21　肌电信号识别系统流程

　　从流程图中可以看出，实验时通过从健康上臂获得原始肌电信号后利用 EEMD 自适应滤波得到干净的肌电信号，然后结合移动窗口法提取有效的多尺度熵特征，接着通过拟合从 MTx 采集的上臂运动角度，训练一个三层 BP 神经网络来完成动作识别，最后输出命令来驱动上肢外骨骼康复装置 ULERD 实施双边康复训练。

4.7.1　肌电信号采集

　　原始肌电信号采集使用的是可重复使用、直径为 12mm、间距为 18mm 的双极表面电极采集，采样频率为 1000Hz[243]。电极依附在肱二头肌，参考电极附着在无肌肉存在的肢体。图 4.22 展示的是实验采用的肌电采集设备。

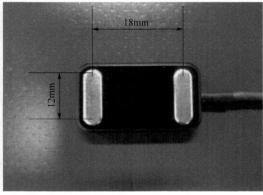

图 4.22　肌电采集设备

图4.23则展示的是从肱二头肌采集的原始肌电信号和执行肘部屈伸动作时从惯性传感器 MTx 采集的运动角度信息，我们要做的就是从肌电信号里面拟合出运动信息。

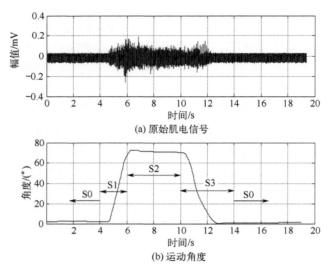

(a) 原始肌电信号

(b) 运动角度

图 4.23　原始肌电信号及 MTx 传感器采集角度信号

5 名健康实验者（实验室人员，平均年龄 23 岁）被要求执行的肘部屈伸动作，被简单分为 4 个状态：S0、S1、S2、S3。S0 代表初始状态，上肢垂直地面；S1 代表肘部弯曲状态；S3 代表肘部伸展状态；S2 为保持状态。

4.7.2　肌电信号处理算法

（1）EEMD 自适应分解算法

当原始 EMG 信号采集完以后，首先要对其进行预处理。我们引入的 EEMD 算法是对 EMD 算法的一种改进手段，所以先介绍传统的 EMD 算法[241]。

经验模态分解（Empirical Mode Decomposition，EMD)是一种自适应信号分解方法，与传统基于傅里叶变换分析方法不同，它依托于数据本身的时间尺度特性，无需任何先验知识。因此，对于非线性、非平稳性信号，尤其是生理信号，EMD 方法具有非常明显的优势。它假设复杂信号是由有限个能够反映其不同时间尺度局部特征的本征模函数（Intrinsic Mode Function，IMF）组成的，基函数完全由数据本身所得，具有自适应性，而且是直观、后验的。

经验模式分解（EMD）算法将原始信号分解成一组有限的振荡元件，称为本征模函数（IMF）。在数学上，一个实值信号 $f(t)$可以由一组 IMF 和单调的残留信号 $r(t)$组成，即

$$f(t) = \sum_{i=1}^{k} x_i(t) + y(t) \qquad (4.16)$$

IMF 具有对称的上下包络，过零交叉点的数量与极值点个数的差值最多不超过一个。EMD 分解的 IMF 应满足下列要求：

① IMF 极值点（最大值和最小值数目总和）和零交叉点的数量必须相等或最多相差一个。

② 在 IMF 中分别由局部极大值和由局部极小值组成趋势线的平均值应为零。

常用一个迭代的方法提取 IMF 分量，其筛选过程如下：

① 确定 $f(t)$ 所有的极值点。

② 在连续的最大值和最小值之间进行三次样条插值，分别得到其上下包络 $IMF_l(t)$ 和 $IMF_u(t)$。

③ 计算上下包络的局部平均 $p(t)$：

$$p(t) = \frac{IMF_l(t) + IMF_u(t)}{2} \tag{4.17}$$

④ 从上下包络减去局部平均得到 $m(t)$：

$$m(t) = f(t) - p(t) \tag{4.18}$$

⑤ 用 $m(t)$ 代替 $f(t)$ 重复步骤①～④直到最后的 $m(t)$ 满足 IMF 的两个条件。一旦产生一个 IMF $x_i(t)=m(t)$，残余 $y(t) = f(t) - x_i(t)$ 视为原始信号，重复步骤①～④产生新的 IMF 及最后的残余项。

EEMD 是一个噪声的辅助方法，以提高标准的 EMD[242-244]。对于 EEMD，认为要处理的信号 $u(t)$ 是来自原始信号 $f(t)$ 和不同的有限振幅的白噪声 $w(t)$ 的和，即 $u(t) = f(t) + w(t)$。每个 $u(t)$ 都可以通过 EMD 分解算法。所得到的 IMF 分量，即 $x_i(t)$，是通过平均实验获得的最终 IMF：

$$x_i(t) = \frac{1}{N_T} \sum_{j=1}^{N_T} x_{ij}(t) \tag{4.19}$$

式中，i 是 IMF 的阶数，j 是实验次数的索引，N_T 是实验的总次数。

通过这样的一个平均值处理，在每个实验中增加的白噪声可以被削弱。加白噪声的原理是最终促成 IMF 所在的尺度能量更加集中，从而提高了 EMD 分解的有效性。

为了揭示在表面肌电信号肘部的运动，很有必要提取合适的尺度系数。我们用能量密度分布的方法来对所有的尺度系数进行评估。

这里引入 ε 代表在整个运动过程中状态 S1、S2、S3 的能量密度分布。如果该比例系数 ε 的值超过设置的阈值，将是我们最终选择的尺度系统。

$$\varepsilon = \frac{E(S1, S2, S3)}{E(S0, S1, S2, S3)} \tag{4.20}$$

图 4.24 表明，EEMD 分解方法只是取决于信号本身，这意味着我们不必知道用什么振荡模式更好地提取信号本征特征 IMF。然而，肢体运动信息必须已在低频尺度的本征 IMF 中得到很好的体现。将由 EEMD 分解的 15 个比例系数能量分布进行比较，IMF6 和 IMF7 最终成为最合适的尺度系统用来提取运动信息。

（2）多尺度参数熵

如上所述，重建的表面肌电信号进行自适应分解，不同的节点有不同的频率。为了提高隐藏在肌电信号的运动信息，利用熵计算每个节点或各尺度系数揭示的肘关节屈伸运动信息，这被称为多尺度熵[245]。

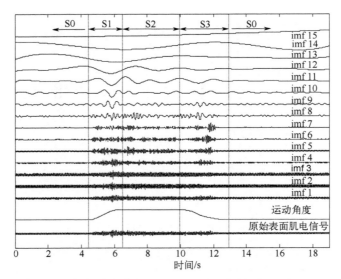

图 4.24　原始肌电信号及利用 EEMD 自适应分解的 15 个 IMFs

　　熵通常是复杂系统的符号。因此，与移动窗口的方法相结合，将能够反映出时间序列信息量的变化或复杂性的变化。在我们的研究中，肌电信号的运动变化反映的是复杂性的增强。许多研究人员使用能源反映在运动过程中增加的信息量。然而，它通常忽略掉点对点连接或肌电时间序列之间的相互关系。因此，熵将适用于非线性时间序列肌电信号的特征提取。

　　传统上，在尺度 j 计算熵 H_j：

$$H_j = -\sum_{k=1}^{n} p_{jk} \lg p_{jk} \tag{4.21}$$

式中，p_{jk} 计算公式是

$$p_{jk} = D_{jk} / \sum_{k=1}^{n} D_{jk} \tag{4.22}$$

式中，n 是尺度系数 j 的窗口长度。然而，这种熵的计算是非常敏感的，它很容易受到弱而迅速的振动噪声的影响。因此，引入广义熵[246]解决这个问题：

$$H_j = \sum_{k=1}^{n} \frac{(p_{jk})^{\alpha} - p_{jk}}{\alpha - 1} \tag{4.23}$$

式中，α 是一个大于零的数。当 $\alpha=1$ 时，广义熵就成为传统的熵公式（4.21）。广义熵能够根据参数 α 的不同揭示 EMG 信号中不同变化的振动。

　　图 4.25 是通过滑窗的方法来计算上一步利用能量分别挑选的特定尺度系数的参数熵，α 分别取值为 0.1、1、10。

　　移动窗口和熵的组合是很有效的方法。此外，还推出了广义熵来代替传统的香农熵，用以提高表示运动过程中复杂性变化的稳健性。为了获得更好的性能，前述移动窗口的宽度设定为 200ms。图 4.25 显示，当 $\alpha=10$ 时，对于肌电信号的趋势拟合较好，它很敏感地捕捉到信号的幅度变化；而当 α=0.1 时，高振幅的变化将不会敏感，这将增加运动识别的稳定性，与此同时，它对于运动信息的特异性会有所提高，对于低幅度但高频振荡的信号更为敏感。传统熵等于 1 只是具有以上讨论的两种的平均效果。所以在实验中，选择了熵等于 0.1 来实现动作识别。

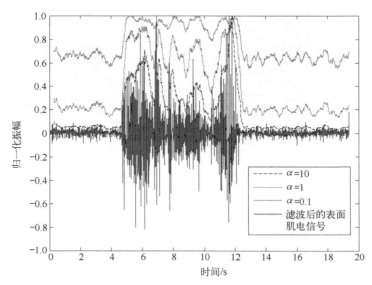

图 4.25　运用滑窗方法计算尺度系数的 α 参数熵（见书后彩插）

4.7.3　实验验证

表面肌信号是由放置的电极获得的。每个运动是由一对电极检测。5 名健康受试者被邀请参加实验（均为实验室成员，平均年龄 23 岁），在按照要求完成相应的动作后，检测到的表面肌电信号通过 A/D 转换器转换之前，采用 1kHz 采样频率接口 PCI3165 的放大器放大。每个动作进行 15 次。在肘关节屈伸时，每个实验者被要求移动他的前臂从垂直平面 [图 4.26（a）] 到上臂稳定的水平面上 [图 4.26（b）]，然后扩展到原来的位置 [图 4.26（a）]。在所有的实验中，上肢的运动用惯性传感器进行检测，它可以被用于校准运动和为神经网络提供目标数据。

在研究中，对表面肌电信号的特征计算分别采用三种方法作为比较。因此，处理必须在相同的条件下，包括相同的神经网络结构下进行。本节分别利用 AR 模型的参数和小波包系数的绝对值均值及基于 EEMD 的参数熵作为输入矩阵，使用 20 个节点的隐藏层，训练前馈反向传播神经网络，从而输出上肢动作运动识别。在这次训练中，70%的数据用于训练网络，15%用于验证，最后的 15%用于测试。图 4.27 表明了具体实验结果。

图 4.27 显示的是肘关节屈伸的角度和运动中肱二头肌 sEMG 信号。在这个实验中，有 4 种状态是公认的。首先是放松的姿势，前臂在垂直平面 S0；二是屈曲运动 S1；三是稳定的姿态时 S2，前臂是在水平面；四是伸展运动 S3。AR 模型参数和小波包系数的平均绝对值变换如图 4.28 和图 4.29 所示。图 4.30 则是肘部屈伸动作时肱二头肌采集的肌电信号 EEMD 分解后的参数熵，其中 α 取值分别为 0.1、1、10，实验中选用 0.1 作为 α 的取值。

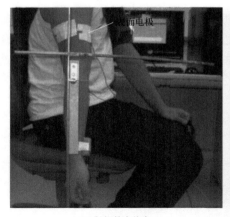

(a) 肘部伸直状态　　　　　　　　　　　　　　(b) 肘部水平状态

图 4.26　肘部屈伸动作

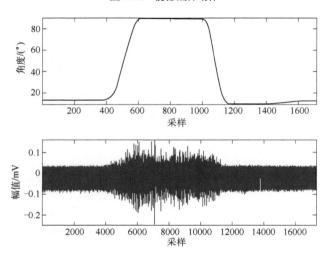

图 4.27　肘部屈伸动作角度及肱二头肌采集的肌电信号

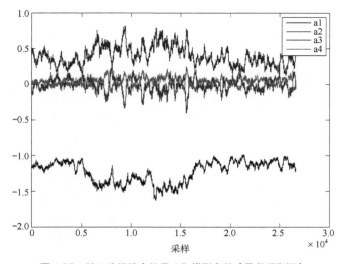

图 4.28　肱二头肌肌电信号 AR 模型参数（见书后彩插）

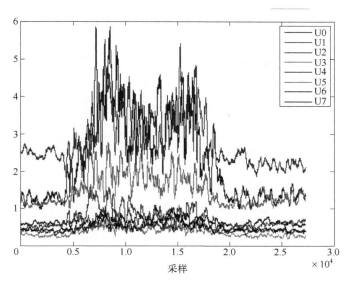

图 4.29　肱二头肌肌电信号小波包系数的平均绝对值（见书后彩插）

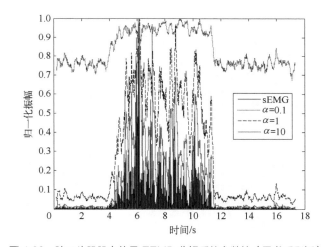

图 4.30　肱二头肌肌电信号 EEMD 分解后的参数熵（见书后彩插）

　　接着将得到的 AR 模型、小波均值、参数熵分别输入三层的 BP 神经网络，MTx 采集角度作为对比项进行训练，其对肘部动作信息的拟合效果如图 4.31 所示。

　　图 4.31 将原始动作及预测动作进行了归一化，可以看到三个算法对于运动预测的表现都不错，虽然都会存在一个小的时间延迟且在慢振荡起始和停止时会有一些波动误差，但整体跟踪效果还是不错的。WPT 和 AR 特征在动作的保持期有一定的振荡，而提出的 EEMD 结合参数熵的特征在动作的保持期的预测比较平滑，在三者预测结果中表现更为稳定。

　　为了验证结论的鲁棒性，我们邀请了 5 名参与者完成相应实验，每人执行肘部屈伸动作 10 次，每次间隔 2s，得到统计结果如表 4.6 所示。整体来看，本书提出的算法比之前研究用到的 AR、WPT 方法在对肘部屈伸连续动作的整体识别率上有一定的提升，平均识别率达到 82%，说明所提出的算法对于肌电信号的表征能力是合适的，但同时也有很大的提升空间。

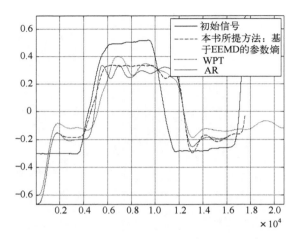

图 4.31 不同算法预测动作对比（见书后彩插）

表 4.6 肘部屈伸动作的识别率比较

实验者	方法	肘部屈伸
A	AR	74.5%
	WPT	78.2%
	基于 EEMD 的参数熵	**80.5%**
B	AR	73.1%
	WPT	79.4%
	基于 EEMD 的参数熵	**82.1%**
C	AR	77.4%
	WPT	81.0%
	基于 EEMD 的参数熵	**82.3%**
D	AR	74.0%
	WPT	74.9%
	基于 EEMD 的参数熵	**81.5%**
E	AR	82.1%
	WPT	84.7%
	基于 EEMD 的参数熵	**84.9%**

4.8
基于 Kinect 的视觉传感及自动打分评价

前面几章主要介绍了外骨骼康复机器人的整体结构设计、运动学分析、肌电信号控制，实际上机器人对于康复过程的指导意义更需要关注。传统上对于康复效果评价有多种指标，Fugl-Meyer 方法被公认为临床上非常重要的一种手段。为了应对康复家庭化、远程化的需求，如何快速准确地完成康复过程自动评价系统，引起了研究者们的广泛关注。

4.8.1　Fugl-Meyer 评价准则

Fugl-Meyer 表主要用于评定具有运动功能障碍患者的平衡功能。它总共有 7 个项目，每个项目完成质量的打分分为 0~2 三个级别，总分在 0~14 分之间。分数越低，则意味着平衡功能越弱。举个检查健侧"展翅"反应的例子，实验者双足着地无支撑坐立姿态，检查者从患侧轻推患者至接近失衡点，患者会外展健侧上肢 90° 来保持平衡。若没有出现此反应记 0 分，根据其展开角度大小分别记 1~2 分。相比其他评测法[247]，Fugl-Meyer 评测法更加全面，简便易行，敏感性好，它能使患者患侧肢体重新出现反射，并且使其轻度依赖或完全脱离与健侧肢体共同运动的随意运动。

康复中心的资源有限，家庭康复的概念也越来越多地受到关注。据称以家庭为基础的康复效果与住院治疗相比没有太大差异[248]。此外，由于时间、空间限制较少，患者可以勤加练习，并根据自己的日程安排，训练环境也不会让患者产生逆反心理。不足的是，没有医生在身边患者不能准确评估自己的康复状态。因此，个性化干预及最大限度地改善运动恢复已成为家庭康复的瓶颈。对于 Fugl-Meyer 评价法来说，没有医生在身边就没有办法进行，因此，实现快速准确的自动评价系统对于家庭化康复具有很重要的意义。

要实现基于 Fugl-Meyer 准则的自动评价，就要解决动作识别的问题。表 4.7 显示的是 Fugl-Meyer 上肢运动功能部分评测，可以看到，要完成上肢动作的识别打分，首先必须完成的是上肢肘关节、肩关节、腕关节的准确定位，通过分析关节的角度变化来识别连续的动作。一般的做法是利用佩戴传感元件，计算出肢体关节运动的角度，然后根据专业医生对此时完成动作质量进行评估，运用一系列模式识别手段完成整体评价系统的训练。最近的研究是用一套无线身体感传网络来采集计算肢体关节角度，然后提出应用支持向量回归的方法来实现打分训练，最后测试系统能够达到 97.8% 的准确率[249]。

表 4.7　上肢运动功能部分评测（Fugl-Meyer 评测法）

	运动功能评测	评分标准
Ⅰ 上肢反射活动	A 肱二头肌腱反射	0 分：不能引出反射活动
	B 肱三头肌腱反射	2 分：能够引出反射活动
Ⅱ 屈肌共同运动	肩关节上提	0 分：完全不能进行 1 分：部分完成 2 分：无停顿充分完成
	肩关节后缩	
	外展（至少 90 度）	
	外旋	
	肘关节屈曲	
	前臂旋后	
Ⅲ 伸肌共同运动	肩关节内收/内旋	0 分：完全不能进行
	肘关节伸展	1 分：部分完成
	前臂旋前	2 分：无停顿充分完成

但是利用这一套传感网络，从费用和简便性来说增加了家庭化康复评价系统的难度。利用视觉来代替传感器网络能够解决这个问题，本书引入 Kinect 设备来识别并得到关节运

动的相关信息，它是用视觉的方法来对人体的关节角度进行量化，从而能够完成动作识别进行评价动作打分[250]。所以首先要做的任务就是对人体进行骨骼建模。

4.8.2 Kinect 开发系统

（1）Kinect 图像分析原理

在 Kinect 里面，是通过 20 个关节点形成的骨架来对人体进行建模。实验者正面对 Kinect 站立，距离 2～5m，保证全身处于视野范围，Kinect 便能够建立 20 个关节点骨骼模型，坐标通过(x, y, z)来表示，图 4.32（a）显示的是 Kinect 深度成像原理，图 4.32（b）显示的是最终形成的深度图像，目标与摄像头的距离不同会产生不同的亮度和颜色。x、y 分别是成像像素点坐标位置，z 则是该像素点深度值。利用这些关节点位置的变化关系可以表示实验者在 Kinect 前面做的复杂动作。

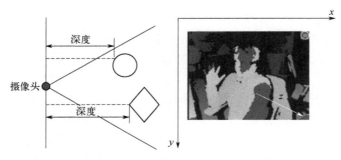

(a) 红外摄像头深度信息测量的原理　(b) 最终形成的深度图像，不同亮度
表示距离摄像头距离的不同

图 4.32　Kinect 深度图像原理

此外，Kinect 与实验者视角的差异也会影响图像。若 Kinect 没有被放置在水平的表面，那么最终图像 y 轴就往往不是平行重心线的，尽管人笔直地站立，但在图像中也会显示出倾斜。在实验室中，尽可能保证在正常平稳水平的环境下使用 Kinect。Kinect 最多可以检测 6 个人，但是只能对其中两个人完成骨骼追踪。实验者处于站立状态，可以追踪 20 个关节点，处于坐立状态，则只可以追踪 10 个关节点[251]。

图 4.33 显示的是利用 Kinect 骨骼追踪法对于人体的 20 个节点建模，对于坐立状态可以获得 10 个节点的上身建模。唯一的缺憾是必须全身都处于 Kinect 视场里面。对于所有获取的骨骼数据包含信息如下：

① 骨骼的跟踪状态，包括用户所在位置数据 x、y，已经对应的深度信息 z。

② 骨骼跟踪 ID，用以区分现在这个骨骼数据是哪个用户的。

在本书中因只对一个实验室者进行分析，需要考虑的只有 Kinect 的摆放位置及实验者站立的位置。

（2）关节角度识别计算

分别从 KinectSDK 中 ColorImageSteam 彩色流和 DepthImageStream 深度流获取到需要的彩色和深度图像数据，同样从 SkeletonStream 骨骼流获取骨架数据，幸运的是 SDK 已经封装好三种数据的校准函数。

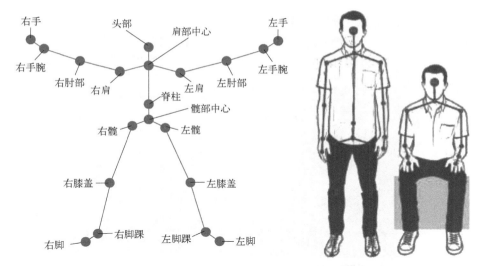

图 4.33　Kinect 骨骼追踪法 20 个节点展示及站立、坐下不同模式的骨骼模型差异

　　程序初始化并使能骨骼跟踪后，当出现人体特征时便会产生触发信号，可以以 30 帧/s 的速率从 SkeletonStream 骨骼流获取骨骼数据，它包含骨骼点位置及深度信息，并且都有唯一标识符来进行标注，如头（head）、肩（shoulder）、肘（elbow）等。

　　获取到关节坐标及深度信息之后，对于关节角度的计算，此处是通过将其深度图像坐标转换为三维空间里的坐标（图 4.34），这样关节之间的距离不会因为角度的变化而变化。这样关节角度的计算可以统一到三维空间中垂直于 kinect 视角的平面上[252,253]。

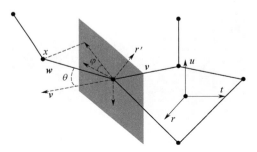

图 4.34　关节三维空间坐标转换

　　在实验中，为了验证利用 Kinect 量化角度的效果，对于 Fugl-Meyer 中肘部、肩部、腕部的动作进行了改进。

4.8.3　实验验证

（1）关节角度识别

　　为了完成关节角度的测量，传统方法是采用惯性传感器 MTx 绑定到手臂上来获取肢体运动时的关节变化角度。

　　图 4.35 展示的是 Kinect 采集的深度图像及 20 个节点人体模型。对 Kinect 进行二次开发，可以很方便得到所需关节的坐标，然后将其进行三维空间坐标转换，能够得到更为稳

定可靠的坐标。如图 4.36 所示，利用 Kinect 官方 SDK 可以很快定位腕部及肘部、肩膀的关节坐标，通过三维空间转换之后，可以方便地计算前臂和上臂的角度变化，从而方便对 Fugl-Meyer 评测法进行自动打分。

图 4.35　Kinect 采集的深度图像及 20 个节点人体模型

图 4.36　左臂肘关节角度量化

图 4.37 展示的是比较传统骨骼关节角度定位及改进后的关节角度定位准确性。图中分别是利用 MTx 直接采集到的关节角度、传统骨骼定位的角度、改进后的角度定位。可以看到，传统骨骼定位的角度振动比较剧烈，这是因为在运动过程中上肢与 Kinect 的视角会发生变化导致利用骨骼法直接得到的关节角度出现较大偏差。相比之下，改进后的定位角度虽然也有一定的偏差，但是整体上对于运动趋势的预测拟合更为合理，这对于利用 Kinect 实现视觉传感及后期的自动打分建立了良好的技术基础。

（2）Kinect 视觉传感

在利用 Kinect 骨骼追踪法及三维坐标转换之后，得到运动关节的真实角度信息，同时利用 MTx 对于机械设备的控制策略，完成利用视觉传感执行双边康复过程。图 4.38 显示的是同时融合了 MTx 和 Kinect 角度信息进行康复设备的主从控制。其中，相比 MTx，Kinect 的优势在于数据、结果更为直接，对于康复过程是个不错的补充。

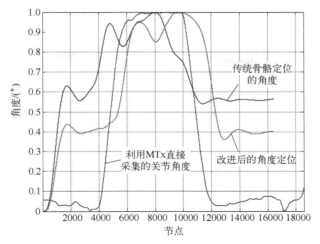

图 4.37　MTx 采集与传统骨骼角度、修正骨骼角度对比

图 4.38　利用 MTx 和 Kinect 进行传感控制

（3）自动打分评价

为了解动作的识别效率，设计了 4 个任务，如表 4.8 所示。

表 4.8　自动打分任务

任务序列	任务要求
任务 1	肩部屈曲动作，肘部 0°，前臂固定
任务 2	肩部外展动作，肘部 0°，前臂固定
任务 3	肘部 90°，肩部 0°，前臂外旋、内旋动作
任务 4	手掌伸向腰椎

我们邀请了 5 位实验人员根据要求随机完成表 4.8 中的 4 项任务，并根据他们的完成质量进行打分，每个人每项任务完成 10 次，顺序随意。为了强化自动提取角度及最后对应分数之间的关系，我们使用了 SVM 分类器来完成最终的拟合。为了简化过程，可以将实验分为 4 部分：角度数据提取、特征计算、数据拟合训练和测试。

通过 MTx 传感器和 Kinect 可以得到肢体运动关节角度数据，接着计算了常用的特征，

如表 4.9 所示。动作完成以后便可以得到相关动作的分数作为最终的预测结果。最后采用
10-fold 交叉验证方法，利用 SVM 对数据特征和最终分数进行拟合，完成根据角度信息的
自动打分。表 4.10 展示的是基于 MTx 角度数据和 Kinect 量化数据对单项任务进行打分分
数的拟合误差，发现相比较 MTx，Kinect 量化数据进行单项打分误差在 4%左右，误差振
荡约为 1.2%，有些偏高，但是整体上基本达到了自动打分的要求，可以达到使用视觉识别
取代传统惯性传感器的目标，便于未来家庭化康复的需求。

表 4.9　特征列表

特征	最大值	均方根	均值	方差	速度均方根
数量	1	1	1	1	1

表 4.10　基于 MTx 角度数据和 Kinect 量化数据分别进行单项任务打分误差

实验人员	A	B	C	D	E
Kinect 打分误差/%	2.9±1.2	5.5±1.5	3.3±1.6	3.8±0.9	4.1±1.1
MTx 打分误差/%	2.1±0.8	3.2±1.1	2.3±1.2	2.0±0.7	3.1±1.1

当然对于 4 项任务同时做，将单项的分数之和用作上肢整体功能性评估，这对于数据
特征抽取及拟合效率的要求更高，我们同样也设计了实验来验证算法的可行性。

5 名参与人员被要求将 4 项任务作为一组动作，顺序随机，每人执行 10 次，将 4 项分
数之和作为整个动作的分数，同样进行 10-fold 交叉验证训练。结果发现，测试打分误差在
6%左右，相比单项任务打分准确率有所降低，这有可能是因为 4 项任务组合起来对于特征
计算及动作描述都有一定的冗余项，可以考虑增加有效的特征，并进行优化，测试整体误
差虽大但波动较小，在 1%左右，证明本章提出的特征计算和自动打分方法仍然有效，对
于康复自动评价有较为明显的应用价值。

4.9
本章小结

本章提出了一种外骨骼上肢康复系统，它能够对患者的康复训练提供支持。本章第 6
节重点介绍了康复系统的整体结构，从结构设计、运动学分析、双边康复策略三方面讲述
该机器系统的特点及临床应用背景，达到运动神经系统的复健。第 7 节重点介绍了肌肉电
信号的采集及肘部运动信息挖掘的方法，达到利用肌电控制康复设备完成训练过程的效果，
并提出了先进的 EEMD 自适应分解算法取代传统应用的小波时频分析方法，以及可变参数
熵算法，从而使生理信号非线性信息能够更好提取，对蕴藏在肌电信号中的运动信息进行
更深入的挖掘，最后设计相关实验验证了算法的可靠性。与 MTx 采集数据对比，在肘部
连续运动过程中实现了平均82%的识别准确率，证实了肌电信号能够对康复控制、康复状
态进行有效的评估。第 8 节主要介绍了临床上常用的 Fugl-Meyer 评价策略以及 Kinect 开发
套件，利用 Kinect 采集到的 RGB-D 图像构建三维空间，并利用骨骼追踪法实现人体肢体

关节在三维空间里的定位，并结合临床上公认有效的 **Fugl-Meyer** 评价准则完成上肢动作的识别，以此为特征利用 SVM 实现自动打分，并设计实验完成 4 项单任务和整体任务，证实提出的自动打分策略是有效可行的。实验验证 4 项单任务打分误差约 4%，整体任务误差约 6%，波动在 1%左右，基本上满足了快速准确的自动打分需求，从而能够保证建立有效的上肢康复评价系统。

第 5 章

腹腔镜手术机器人

5.1
概述

腹腔镜手术机器人应用于软组织手术中，主要由三维高清影像系统、主从遥控操作系统以及外科医生控制台等组成，利用操作系统准确操纵机械臂进行复杂的手术操作。腹腔镜手术机器人在医疗机器人领域中具有代表性，也是目前世界上商业化最为成功的手术机器人之一[254]。它以微创、精细、灵活、滤抖为突出优点，可大大拓展外科医生手术能力并有效地解决传统手术中遇到的种种难题，在泌尿外科、妇科、心胸外科及普外科等领域得到广泛的应用。

微创已成为临床手术的刚性需求。1987 年，一名法国医生在一位妇女身上成功完成了世界上第一例腹腔镜胆囊切除术，从那时起，微创手术就开始飞速发展[255]。相比于传统手术来说，微创手术创面很小，痛感轻微，术中出血量少，病人能在手术后很快恢复，能够有效降低术后感染的风险，也能减少并发症的发生。然而，普通的微创手术还存在一些缺点，例如，因器械对体表开孔的限制所引起的杠杆效应造成了医生手与眼无法配合、三维视觉信息与力感缺失、长期操作器械容易疲劳、手的抖动可放大到器械末端[256]。机器人技术是当前医学界的研究热点，结合了结构学与电子技术，能够很好地解决普通微创手术的弊端，腹腔手术也正从传统微创向着机器人辅助微创发展。腹腔镜外科手术机器人因其操作精度高，灵活性大，重复性好，不易受到疲劳、情绪等人体生理因素的干扰，在解决传统微创手术中遇到的难题方面，提高手术质量和缩短手术时间均有重大意义，它有效地扩展了医师的手术能力，也给微创外科手术带来了一个全新的舞台。

本章详细介绍国内外腹腔镜手术机器人的发展概况及应用现状，并分析腹腔镜手术机器人的技术模式和结构设计，最后对腹腔镜手术机器人的未来发展方向进行了展望。

5.2
腹腔镜手术机器人国内外研究现状

5.2.1　国外研究现状

（1）Da Vinci（达芬奇）手术机器人

2000 年，美国 Intuitive Surgical 公司研制出了新一代的微创外科机器人系统——Da Vinci 外科手术机器人系统，并于同年 7 月获得美国 FDA 批准；之后，于 2004 年 9 月获得我国原国家食品药品监督管理总局（CFDA）批准。目前，Da Vinci 手术机器人已经发展到第四代产品，前三代产品分别于 2014 年、2017 年和 2018 年获批上市。2014 年上市的 Da Vinci Xi，能够完成从减肥手术、疝气修补术到心脏搭桥、前列腺切除等多项手术；2017 年上市的 Da Vinci X，保留了 Da Vinci Xi 的基本功能并做了相应简化，降低了设备的价格，使用通用模块可以扩展功能；2018 年推出的 Da Vinci SP，可以从一个端口或者切口中进入。

如图 5.1 所示，Da Vinci 系统利用主从遥操作模式对机械臂的运动进行控制，主要由医生控制台、床旁机械臂系统和手术器械以及腔镜图像系统组成。Da Vinci 机械臂设置于移动平台上，移动平台脱离手术床并配备有可移动轮子，使得医生可以根据手术空间的不同来安排其停在手术床旁，以增加机器臂工作空间。这种床旁机械臂系统由三个器械臂和一个持镜臂组成，每个机械臂有 7 个自由度，4 个被动自由度为术前摆位自由度，3 个主动自由度为手术操作自由度。医生控制台将主操作手、控制脚踏以及三维立体视觉腔镜显示系统整合在一起，医生可以通过控制脚踏开关和主操作手来控制机械臂，继而完成操作。

图 5.1　Da Vinci 外科手术机器人系统[256]

Da Vinci 外科手术机器人系统是世界上临床外科手术机器人中最为成功的一种。它能给医生带来像传统开放性手术一样直观的运动控制、运动范围及组织处理等功能，还具有过滤医生在手术过程中手的生理抖动的作用。Da Vinci 手术机器人以其优良的操作环境和卓越的控制性能在微创手术中引入了很多高难度和复杂性的操作。Da Vinci 机器人系统现已被广泛应用于泌尿科、普通外科、心脏外科和妇产科中，取得了较好的经济效益。到 2019 年 9 月，全球已有 5000 多台 Da Vinci 手术机器人系统在临床使用。

（2）AESOP 系列外科手术机器人

1994 年，美国 Computer Motion 公司开发了著名的微创手术机器人系统 AESOP1000（图 5.2），成为全球首个获得美国 FDA 注册的微创手术机器人系统。AESOP 多采用一个七自由度机械手臂替代护士对腹腔镜腔内位姿进行调节，从而得到腔内手术场景的稳定影像，降低医护人员在手术过程中的劳动强度。与此同时，AESOP1000 可以凭借语音指令来实现医生对于机械臂的操控，并且在语音识别技术不断发展的过程中，自身的语音识别功能也在不断得到完善。

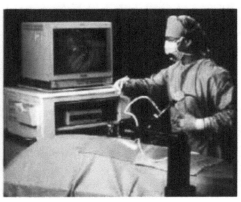

图 5.2　AESOP1000 微创手术机器人[257]

1996 年，该公司又研制出 AESOP2000（图 5.3），初步实现了机械臂的语音识别操作。鉴于此，2003 年在 AESOP2000 之上进一步完善语音识别系统，并成功开发出 AESOP3000，医生可以用声音控制机器臂。AESOP 系统外科手术机器人持镜系统在微创手术中的使用为微创手术在腔内提供稳定的图像信息和减轻医护人员在手术过程中的劳动，医生可以根据术中需求自适应调节腔内持镜臂的位姿以增加微创手术的灵活性与准确性。

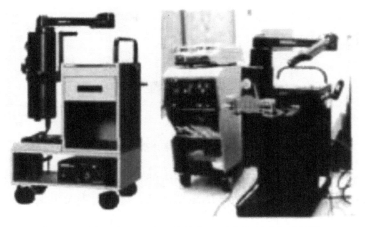

图 5.3　AESOP2000 和 AESOP3000 微创手术机器人[256]

AESOP 机器人的"多点预设功能"还将手术者的思维与图像达到最大限度的统一，使得"术者有所思，视野有所动"。一个操作臂控制腹腔镜，另一个臂用于控制拉钩，其他操作用常规腹腔镜技术完成。整个手术是一个医师进行的，手术时间未见明显延长，未发生明显的手术并发症。AESOP 持镜机器人完全替代持镜助手的工作，并能提供更加清晰、稳定的图像，极大地缓解了手术者的视疲劳，提高了工作效率[258]。尤其是在进行更为复杂、难度更高手术时，手术操作时间明显缩短。

由于术中可对 AESOP 机器人的活动范围提前"多点预设"，并可根据术中情况随时更改，使得机器人的活动始终在安全、有效的范围内进行。对于腹腔镜可以采用声控、手控或者踏板等方式来控制。手控，即踏板，是腹腔镜比较早的一种控制形式，手术者用按钮控制腹腔镜远、近、左、右、上、下运动，必须放下操作柄，才能调整控制按钮；声控就是利用手术者声音控制腹腔镜活动，术前必须将专用声卡插入电脑，完成声音训练，还需要让机器人电脑系统对手术者的声音了如指掌。术前记录手术者语音命令，并事先与机器人语言交流，使 AESOP 机器人在手术过程中仅识别手术者语言命令，避免手术室周边环境干扰，大大提高了手术过程中的安全性。

（3）ZEUS 腹腔镜手术机器人

Computer Motion 公司于 1998 年，在 AESOP 系列外科手术机器人系统的基础上推出了具备更高手术精度的外科手术机器人系统 ZEUS[258]。ZEUS 是第一代真正实现主从遥操作的手术机器人系统[259]。如图 5.4 所示，该系统主要由主操作控制台及机械臂执行机构组成[258]。机械臂执行系统包括一个机械持镜臂及两个七自由度手术器械臂，六自由度进行姿态调整，另一个进行位置优化，控制姿态 6 个自由度中有 4 个采用电机传动，剩下是无动力传动随动关节。3 个机械臂全部整合到手术床中，方便了对不同机械臂之间进行统一校准。医生可以通过主手操作控制台来控制机械臂系统完成手术。

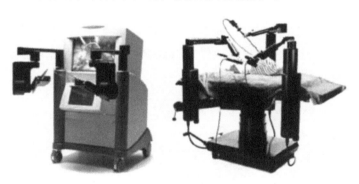

图 5.4　ZEUS 腹腔镜手术机器人系统[258]

ZEUS 通过多例动物及人体的胆囊切除实验验证了超远程手术的可行性，其中包括著名的"林白手术"。整个手术中机器人准备时间为 16min，手术过程为 54min，操作延迟为 155ms，术后病人平静且无并发症产生，病人于 48h 后出院。ZEUS 系统的主要贡献在于消除医生操作时手部的抖动，使微创手术操作更加精确稳定。它已经成功应用于心脏瓣膜修复术、全动脉化冠状动脉旁路移植等具有极高要求的精密手术之中。2003 年，Intuitive Surgical 公司和 Computer Motion 公司合并后，Zeus 系统不再生产。

（4）RAVEN 外科手术机器人系统

RAVEN 外科手术机器人系统（图 5.5）是由美国华盛顿大学开发的新一代小型化主从

遥操作外科手术机器人系统。RAVEN 系统也是主从遥操作控制，系统有两条执行手术操作的器械臂及一条调整腹腔镜姿态的持镜臂，每个器械臂有 7 个自由度，分别由 5 个旋转关节、1 个移动关节及 1 个夹持关节组成。

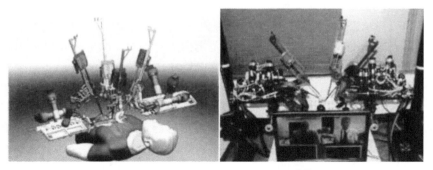

图 5.5　RAVEN 外科手术机器人系统[256]

相对于 Da Vinci 外科手术机器人，RAVEN 有着体积小、重量轻的优势。主手操作端与从臂执行器可以用网络连接起来[259]，实验已经表明手术系统能够在极端情况下用各种网络设置来执行手术操作。以 Linux 为核心的操作系统和开源操作软件，使得各个科研机构能够按照各自的需求，在相同的平台下开发出不同的软件控制系统。目前，这一体系已经在许多研究机构进行动物试验。

（5）Hugo RAS 手术机器人

Hugo RAS 手术机器人是由美国美敦力公司于 2019 年 9 月研发的模块化机械臂组合机器人[259]。如图 5.6 所示，该系统由手术塔、控制台、手术臂及机械手推车等部分组成，最突出的特点在于它是模块化的系统，即具有若干个独立的部件，能满足不同病人或医院病床需要，并可随科技的进步不断更新换代。Hugo RAS 另一个特点是配有 4 个装在推车上的手术臂，这让其具有极大的灵活性。

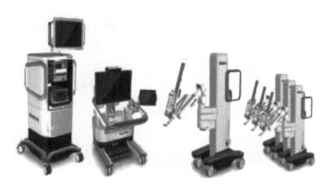

图 5.6　Hugo RAS 手术机器人[259]

（6）新型单臂单孔微创腹腔镜手术机器人系统

新型单臂单孔微创腹腔镜手术机器人系统包括医生控制台、图像台车以及患者台车，如图 5.7 所示[260]。在手术过程中手术者根据图像台车上传送来的图像，由操作员控制台上主控制臂，对病人台车上器械进行遥操作控制。

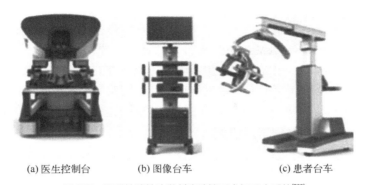

(a) 医生控制台　　　(b) 图像台车　　　(c) 患者台车

图 5.7　新型单臂单孔微创腹腔镜手术机器人系统[260]

　　医生控制台作为内窥镜手术系统控制中心，由主控制臂、脚踏开关和立体监视器三大部分构成。手术时，医生控制台手术者在无菌区域以外坐着，通过主控制臂一端控制手柄对器械工具臂、手术器械及三维电子弯管内窥镜进行操作。台车所装脚踏开关能协助手术者对电切、电凝及其他电外科设备进行有关操作和控制。立体监视器是手术者观察病灶和手术器械在病人身体内移动的主要设备，手术者的头必须进入立体监视器观察窗部位，并经两个视窗内的目镜作影像观察。立体监视器利用立体成像原理进行成像光路设计，使手术者从观察窗的两个观察孔中所看到的影像呈现出立体效果。

　　图像台车把三维电子内窥镜拍摄到的影像传输给医生控制台的立体成像仪，使得手术者可以在手术时观察到病人身体内部的立体影像，同时影像还将呈现于影像台车上方显示屏中，便于床边助手观察内窥镜影像。

　　患者台车是腹腔内窥镜手术系统位于患者手术床边的直接操作子系统。4 条器械臂可通过调整臂进行整体调整，调整臂共有 6 个自由度，其中距离基座较远的 3 个自由度都是转动自由度且三轴轴线与不动点重合。基座附近 3 个自由度可调节不动点位置（图 5.8）。

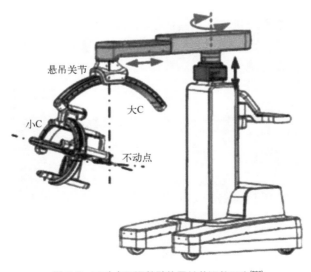

图 5.8　不动点及调整臂位置关节调整示意[260]

5.2.2 国内研究现状

虽然由美国 Intuitive Surgical 公司开发的 Da Vinci 机器人系统及由 Computer Motion 公司开发的 ZEUS 机器人系统已经成功应用于临床，但国外的机器人系统还存在价格过高、技术垄断等问题，且不同国家的人口常见病也不同，因此国外的手术机器人系统并不能很好地满足国内需求[261]。针对这些现状，我国自主研发了一些微创手术机器人。

（1）"妙手 A"腹腔微创手术机器人

2010 年，由天津大学、南开大学与天津医科大学总医院联合研制了"妙手 A"腹腔微创手术机器人[261]，如图 5.9 所示。"妙手 A"也是主从控制的机器人，包含主操作端和从操作端两大部分。主操作端由主操作手系统和立体视觉系统组成，从操作端包括机器人从操作手及手术所必需的外围设备。

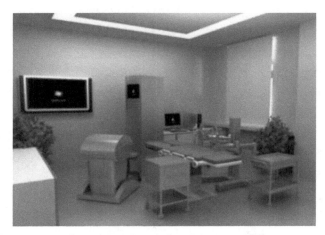

图 5.9　基于"妙手 A"系统的手术环境[261]

如图 5.10 所示，主操作手有两套，用以记录医生手在操作过程中的空间运动信息，并将其转换成电信号，此信号经过控制系统的处理实现由操作手的操控。每组主操作手可以提供 7 个自由度。主操作手可以通过其机械结构来达到重力平衡。主操作手具有尺寸小、重量轻、结构紧凑、位姿解耦、运行灵活等优点。

图 5.10　主操作手系统[261]

从操作手包含三个操作臂，如图 5.11 所示。这些操作臂中的两条用来操作手术工具，另外一条用来夹持内窥镜。各机械臂包括被动调节部分及主动部分。被动调节部分是在手术前快速地调节机器人的位置，在手术时不会涉及动作；主动部分为实际手术操作部分，包括经过专门设计能满足微创手术限制的主动机械臂及手术工具。

立体视觉系统包含三部分，分别是双目内窥镜系统、图像服务器和立体显示单元，如图 5.12 所示。利用双路平面正交偏振影像分光法[262]，为医生提供立体三维视野，在活体动物试验中取得了良好的效果。该系统结构简单，手术操作准确，满足了腹腔手术的需要，应用前景广泛。

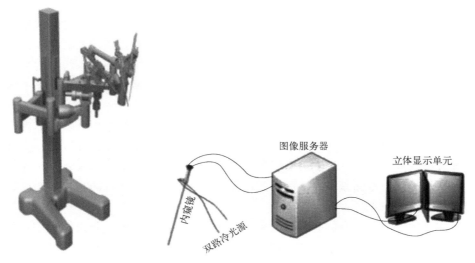

图 5.11　从操作手系统[261]　　　　　图 5.12　"妙手 A"立体视觉系统[262]

（2）"图迈"腔镜手术机器人

由上海微创医疗机器人（集团）股份有限公司研制的"图迈"腔镜手术机器人于 2022 年 1 月 27 日经国家药品监督管理局认可，成为国内企业中唯一开发批准投放市场的四臂腔镜手术机器人[263]（图 5.13）。"图迈"腔镜手术机器人已在上海完成一例机器人辅助腹腔镜前列腺癌根治术（RALRP）。这是国内腔镜机器人开展的第一例 RALRP 手术，在国内高难度泌尿外科手术中实现了腔镜机器人突破[264]。

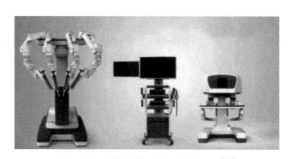

图 5.13　"图迈"腔镜手术机器人[263]

相较于传统腔镜手术，"图迈"手术机器人在手术视野的立体逼真、微型器械的精细操控以及狭窄空间内的高灵巧运动方面有着诸多技术优势，为复杂腔镜手术所涉狭窄解剖空间内的分离止血、缝合打结和功能重建等外科操作提供了重要的临床价值，克服了传统开放手术中存在的创伤和出血、并发症发生概率高等问题，可实现准确、安全、有效、微创伤的外科手术操作。

5.3
腹腔镜手术机器人技术分析

以当前比较成熟的主从式腹腔镜外科手术机器人系统为例，该系统主要包括从动机械臂系统、操作主手控制系统和 3D 视觉成像系统。从动机械臂系统由器械臂、持镜臂和多种手术微器械等组成，作为腹腔镜外科手术执行机构；操作主手控制系统是用来获取医生手部运动信息，并对手术系统实施全面控制的；3D 视觉成像系统可以让医生在手术过程中得到三维场景视觉效果。

受微创手术切口自由度约束，腹腔镜外科手术机械臂能够为末端微器械提供 3 个自由度，手术微器械自由度设计要确保在其操作空间内操作于任何位姿。开发适合机器人系统使用的手术微器械，使其具有高度灵活性和灵敏度，提高微器械使用寿命并消除器械末端耦合，整合完善的力反馈系统，并能实现微器械按手术要求快速拆卸与更换，这些技术难题将是今后微器械研究的方向[265]。

从传统开放性手术、微创外科手术到现在商用化腹腔镜手术机器人的医疗手术方式，一直处于不断发展和演化之中，其中手术机器人以其准确性、可靠性和精确性被广泛使用。今后，腹腔镜手术机器人将被设计得体积更小，安全性、稳定性更强，操作性能更为出色，从而适应更为复杂环境中的手术要求。

5.4
本章小结

本章详细介绍了国内外腹腔镜手术机器人的发展现状，并分析了当前存在的技术难点和未来的应用方向。腹腔镜手术机器人在医疗机器人领域中具有代表性，也是目前世界上商业化最为成功的手术机器人之一。腹腔镜手术机器人技术已经成为目前医疗机器人领域研究的重点，微创外科手术技术和机器人技术的联合应用弥补了传统微创外科手术的缺陷，加快了微创外科手术演进的步伐。

第6章

骨科手术机器人

6.1
概述

　　近年来，随着机器人技术的飞速发展，手术机器人的临床应用及优势也逐渐显现，骨科手术机器人是手术机器人中的一类，其在精确性及可重复性等方面都有很大优势，为临床疾病的微创、精准、个性化治疗提供了一个新的研究方向。骨科手术机器人是机器人临床应用领域的一个分支，起源于20世纪90年代初期。自20世纪80年代外科手术机器人问世以来，到2023年达芬奇机器人手术系统已在世界上完成150多万次手术，所涉范围涵盖普外科、妇科、颈外科以及胸外科，手术机器人的研制也在不断开发、成长。骨科手术机器人是其重要的发展方向之一，虽然还处于起步阶段，但在过去30年里得到快速发展，现已有多个成熟的产品应用于临床。目前，北京天智航公司推出的第一款国产骨科手术机器人——"天玑"[266]，占据了国内骨科手术机器人的市场。截至2023年，"天玑"骨科手术机器人 TiRobot 已完成10000余例手术。国外手术机器人系统如 Excelsius GPS、Renaissance，已经通过 CE、FDA 上市审批而被广泛用于临床[267]。欧美部分国家骨科手术机器人已广泛应用于全髋关节置换手术中。骨科手术机器人在临床中的应用越来越广泛。

　　骨科手术机器人是最具代表性的硬组织手术机器人，是手术机器人发展的一个重要分支。骨科手术机器人根据手术部位不同可分为脊柱外科手术机器人、关节外科手术机器人和创伤骨科手术机器人。当前，大多数骨科手术机器人是作为辅助工具出现的，处于被动或半自动阶段。本章分别介绍脊柱外科手术机器人、关节外科手术机器人和创伤骨科手术机器人的发展概况，并对骨科手术机器人的技术模式和临床应用进行了归纳，为骨科手术机器人的研究和推广提供借鉴和参考。

6.2
脊柱外科手术机器人国内外研究现状

传统脊柱手术存在病人个体差异大、医师视野局限等问题，造成手术创伤大，并发症多，对医师经验依赖性强。脊柱外科手术机器人是先进机器人技术与医疗技术的结合，能够实现脊柱外科手术的准确微创，增加了手术的安全性，还能减少医师手术时间和提高手术效率。

（1）"天玑"骨科手术机器人

2015 年，北京积水潭医院联合北京天智航公司研制了"天玑"骨科手术机器人，包括六自由度机械臂系统、光学追踪系统以及手术规划和导航系统[268]。"天玑"骨科手术机器人改变了传统手术方式，协助医师准确定位植入物或者手术器械，准确度达到亚毫米级别，在微创手术中优势显著，能够降低风险和减少并发症。医生依据指征选择二维或者三维模式来完成手术计划，机器人能够准确地移动到计划位置并保持稳定机器人手臂支撑，能够覆盖骨盆、髋臼、四肢等部位的创伤手术及全节段脊柱外科手术，并且在产品适应证覆盖率大幅提升的同时，还实现了对使用便捷性、定位功能和软件友好性的优化，降低了医生长期把持器械时的劳累程度，使得手术更加顺畅。

如图 6.1 所示，"天玑"骨科手术机器人系统由主控台车、光学跟踪系统和主机与机械臂三部分组成，分别与感知、计划和实施三个手术操作阶段相对应。感知阶段由主控台车获取并处理手术部位的影像，手术路径计划阶段由医师依据处理后的影像计划手术路径，放置示踪器对手术路径位置坐标进行校准，使手术部位大坐标系与小坐标系建立起来。在实施阶段，医师输入操作指令，控制机械臂按设定路径移动至规定手术部位。田伟[269]用 5G 网络远程控制"天玑"机器人行脊髓手术 12 例，放置椎弓钉 62 颗，手术后全部病人症状均有实质性减轻，按照 Gertzbein-Rob 放养 bins 标准放置 A 级 59 颗，B 级 3 颗。无手术期间不良事件发生，说明 5G 型远程机器人辅助脊柱手术是精确可靠的。

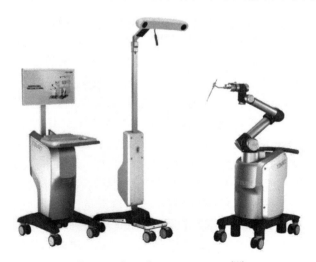

图 6.1　"天玑"骨科手术机器人[268]

（2）Mazor Spine Assist 机器人

Mazor 系列机器人由以色列 Medtronic 公司设计。Mazor Spine Assist[270]是 2004 年第一个被美国 FDA 批准用于脊柱外科手术的机器人，至今仍是临床应用最广泛的手术机器人。

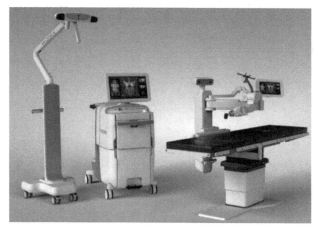

图 6.2　Mazor Spine Assist 机器人[270]

如图 6.2 所示，Mazor Spine Assist 作为一个并联式机器人，具有 6 个电机、6 个自由度的结构，其整体质量只有 250g。手术前需将 Hover-T 框架与骨性标志固定，以保持手术时的相对位置固定。如图 6.3 所示，工作过程可归结为：术前先做影像学注册及手术设计，在手术中使用 C 形臂 X 线机配准后，根据术前所设计置钉路径对 6 个电机位置及角度进行调整，之后医生仅需要参考导向臂方向即可完成打孔置钉。Mazor Spine Assist 在安全性、精准性等方面已经被大量研究验证，在导航功能上也比传统术中导航更胜一筹。传统导航系统需要医生随时盯着显示器按照预定手术路径操作，手眼协调要求较高，Mazor Spine Assist 机械臂能够沿预定轨迹自动定位，提高安全性。

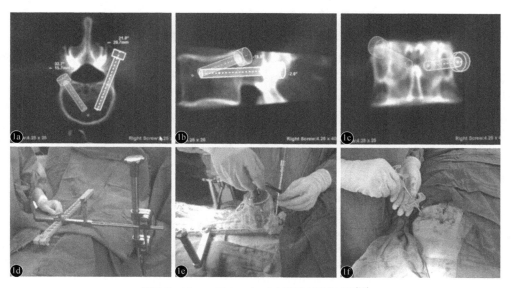

图 6.3　Mazor Spine Assist 机器人手术过程[270]

6.3
关节外科手术机器人国内外研究现状

一直以来，临床上关节外科手术的成功率都非常可观。多年以来，每隔 10 年，关节手术领域都会有新的重大成果出现[271]。20 世纪 70 年代，研究热点是摩擦界面的研究开发；到 20 世纪 80 年代，学者们在骨水泥与非骨水泥的固定问题上产生了争议，并延续到现在；20 世纪 90 年代又推出了新型的支撑面，其中有金属与金属，陶瓷与陶瓷以及为了保留骨量而进行的髋关节表面置换；进入 21 世纪，初期主要以不同假体类型和手术入路为重点，提出了快速康复外科概念。到如今，机器人辅助关节外科手术已经成了一个新的热点。关节置换术的关键在于精准确定假体位置，降低磨损并尽量提高功能及延长假体寿命等，而机器人正是因为其准确及稳定而具有优越性。下面分别介绍几种用于关节外科手术的临床机器人及其应用。

（1）ROBODOC 机器人

ROBODOC 机器人是一种用于关节置换的主动机器人[272]，全球首例机器人辅助全髋关节置换术（Total Hip Arthroplasty,THA）和全膝关节置换术（Total knee arthroplasty, TKA）正是由 ROBODOC 机器人完成的（图 6.4）。而 ROBODOC 协助的 THA/TKA 近期、中期及远期随访研究显示患者术后功能结果可与传统临床 THA/TKA 相媲美。ROBODOC 由手术规划及辅助软件两部分组成，能够完成术前规划、仿真、协助手术操作。

新一代主动式 T Solution one（Think Surgical）机器人是基于 ROBODOC 系统改进而来，包含 TPLAN 和 TCAT 两个子系统[272]。TPLAN 在术前规划中应用较多，TCAT 系统由

图 6.4 ROBODOC 机器人[272]

系列传感器、全自动机械臂和相应截骨工具等联合构成，首先针对 THA 而提出，但是它于 2019 年经美国 FDA 批准推广至 TKA，这是一种以术前影像导航为基础的主动型手术机器人，属开放型系统，能兼容各种厂家、各种机型的关节假体。该系统的优点是可主动进行股骨准备，也可导引髋臼磨挫及机械臂协助臼杯置入，术前术野暴露后只需手持传感设备即可完成关节表面标记点定位，此后机械臂按照术前计划对关节面进行自动研磨、钻孔，最终仍需手术者采用传统的方法置入假体。研究结果表明，它在 THA、精确性及可重复性上具有显著优势。

Liow 及其同事针对 ROBODOC 机器人系统辅助 TKA 与传统徒手 TKA 在精确恢复关节对位和机械轴线方面的比较设计了前瞻性随机试验，将 60 例患者随机分为两组，机器人辅助组 31 例，传统徒手手术组 29 例。机器人辅助组关节对位异常率 3.23%与传统徒手手术组异常率 20.6%相比，存在明显差异。机器人辅助组无机械轴线异常（与正常值比较偏差大于±3°为异常），而传统徒手手术组出现机械轴线异常率为 19.4%，也存在明显差异[273]。

（2）MAKO 机器人

MAKO 机器人是目前关节外科手术机器人的主流，MAKO 机器人的手术系统是一个半主动式的封闭平台。如图 6.5 所示，该机器人可以完成术前规划和术中导航，这一过程需要用到病人术前的 CT 影像来辅助。在手术中，操作者手持 MAKO 的机械臂末端进行磨削操作。由于机械臂的存在，操作者的手术范围可能受到限制，当操作超出术前规划的范围时，机械臂会停止操作，并向操作者提供反馈提醒[272]。这大大降低了术中出现意外情况的概率。2008 年，MAKO 机器人获得美国 FDA 的批准，允许其应用于全膝关节置换术（TKA）；之后，在 2010 年，美国 FDA 批准其应用于全髋关节置换术（THA）[274,275]。

图 6.5　MAKO 机器人[274]

MAKO 机器人在开发时被赋予了"手术助手"的特征，MAKO 机器人不仅由医师人工控制按计划操作，还可以约束医师手部抖动和机器人移动幅度，实现人机共享方式操作。另外，MAKO 机器人还提出了"触觉交互"的概念，指出操作者在术中的手感也在关节外科手术中占据至关重要的地位，很大程度上影响着手术的成功度。目前，这款机器人全球销量已超过 1000 套，进行了超过 45 万例手术，是唯一一款得到市场高度肯定的关节骨科手术机器人。

崔可赜等人[276]对 26 例在 MAKO 机器人辅助下经后外侧入路行人工髋关节置换术资料进行回顾性分析，结果显示：平均手术时间为（87.0±16.1）min，显性出血的平均量是（336±246）mL，髋关节 Harris 得分在置换 3 个月内达到 92.1±4.7。其中，MAKO 机器人协助全髋关节置换的手术过程如图 6.6 所示。

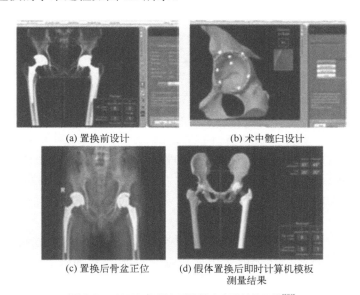

(a) 置换前设计　　(b) 术中髋臼设计
(c) 置换后骨盆正位　　(d) 假体置换后即时计算机模板测量结果

图 6.6　MAKO 机器人手臂辅助全髋关节置换[276]

（3）ROSA 机器人

ROSA 是法国 Medtech 公司开发的新一代多功能人工智能辅助手术应用平台，如图 6.7

所示，创新核心技术是采用六自由度机械臂传感技术、无标记点自动登记技术、病人体位动态追踪技术和复杂器械操作软件程控技术等，为脑外科-脊柱手术机器人技术开辟了里程碑，是脑外科/脊柱外科精准微创类手术及复杂器械操作机器人的技术代表[277]。

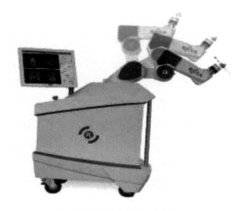

图 6.7　ROSA 机器人[278]

美国 Zimmer Biomet 公司使用已经制造完成的 ROSA 脊柱定位机器人，通过对末端工具及软件进行改造，开发出一款关节面铣削定位 ROSA Knee 机器人[278]，并于 2019 年获得美国 FDA 批准，用于全膝关节置换术（TKA）。

ROSA 机器人的手术平台是神经外科手术辅助平台，由计算机控制机械臂，并基于影像导向，主要由机械臂、触摸屏、移动推车、软件、专用器械等部分组成，触摸屏通过表示需要执行的操作和提供多种不同的命令，来保证 ROSA 与其用户进行信息交流。有用于导航的指示探针、光学距离传感器、器械固定器、器械适配器、脑室内镜器械固定器、经鼻内镜器械固定、微型驱动固定、机器臂 X 射线图形、Leksell 框架 X 射线板等专用器械。该系统导引是以利用三维影像处理软件所拟定之术前计划为依据，以基准标记点或是光学注册为依据[278]。

6.4
创伤骨科手术机器人国内外研究现状

创伤骨科领域的手术机器人临床应用尚处于起步阶段，这一类的研究与应用主要集中在骨折复位[279]。骨折复位，指的是将骨折块重新进行定位和排列，在解剖层面尽可能实现复位，使病人恢复正常的活动功能。传统骨折复位的手术效果主要依靠外科医生技术及经验，且复位不当可引起骨折畸形愈合、骨不连及其他并发症。创伤骨科手术机器人包含定位导航系统，很好地解决了传统手术的短板。使用该系统能达到较准确的骨折复位效果，解剖关系和力线得到较好恢复，并能降低常规复位手术中骨折部位变形愈合及其他相关并发症发生率。

目前，比较常见的是针对长骨骨折复位和骨盆骨折复位的机器人系统（图 6.8）[275]。2022 年，在国家 863 计划背景下，哈尔滨工业大学研制了遥操作正骨机器人[280]。2004 年，德国雷根斯堡大学 Füchtmeier 团队基于史陶比尔 RX130 工业机器人研制出了 RopoRobo 骨折复位系统[281]。

之后，国内外许多研究机构相继报道了以长骨骨折复位为主要功能的创伤骨科手术机器人及系统。国外如德国汉堡创伤医院开发了以 Stewart 平台为核心的 Intelligent Fixator 骨折复位机器人系统；日本大阪大学与东京大学联合研制的串联构型骨折复位机器人 FRAC-Robo，带有力学传感器，使机械臂更加智能和精准；英国西英格兰大学布里斯托机器人实验室 Stewart 结构机器人研制的具有 3D 导航能力的 RAFS 骨折复位机器人等[282]。

国内，中国人民解放军总医院联合北京航空航天大学研制了基于 Stewart 平台的长骨骨折复位机器人 MART，并成功进入临床试验；北京航空航天大学与积水潭医院合作，开发出开口式 Stewart 配置——一种长骨骨折复位机器人；香港大学自行设计一种串并联混合骨干骨折复位机器人。以上研究除了 MART，其他系统都还停留在原型构建或者样机的初步尝试上。

图 6.8　创伤骨科手术机器人[275]
A—遥操作正骨机器人；B—RopoRobo；C—Intelligent Fixator；D—FRAC-Robo；E—RAFS；F—MART；
G—长骨骨折复位机器人；H—骨干复位机器人；I—并联机构骨盆复位机器人；J—串并联结构骨盆骨折复位机器人；
K—骨盆复位机器人

　　骨盆骨折较长骨骨折来说更为复杂，国内外对于这方面的研究都比较少。创伤骨科包含的疾病范围广，个性化比较明显，因而对机器人有更高的要求。从技术实现水平上看，现有机器人辅助复位技术仅能应对部分模型化和理想化状态，以类似"堆积木"模式实现骨性硬组织复位轨迹的规划与控制。但临床处理骨折时，需要保护机体的软组织，保证骨组织的完整和连续，还需要排除人体内其他的力学干扰。另外，对于粉碎性骨折，机器人还无法做到很好的辅助，适用范围有待拓宽。

6.5
本章小结

　　本章介绍了骨科手术机器人的发展概况，分别介绍脊柱外科机器人、关节外科机器人和创伤骨科手术机器人。从发展现状、技术模式出发，分析了当前骨科手术机器人的优势和欠缺，并指出了未来骨科手术机器人的发展方向。

第7章

神经外科手术机器人

7.1
概述

神经外科手术机器人（Neurosurgery Medicine Surgery Rotation），又称神经外科手术导航机器人，是一种集机械、电气、电子与计算机技术于一体的精密系统。它是一个基于计算机视觉系统和控制系统的精密医疗器械，能够按照预设路径自动到达指定位置并对所见区域进行手术操作。神经外科手术机器人由于其灵活性和精准性的优势，在神经外科领域中应用十分广泛。自20世纪70年代初开始，随着计算机技术的发展，神经外科手术机器人开始出现，并逐渐发展成为一种辅助医疗器械。

近年来，随着机器人技术的飞速发展，实现外科手术所需的精确微小定位、微小操作、手术空间形状监测、图像显示等多项功能已成为现实，神经外科是机器人手术最早涉及的领域之一。

自1985年起，诸多神经外科医师联合医学工程师将手术机器人辅助神经外科手术这一想法应用于实践。Kwoh等人[283]用机器人辅助手术的方法在临床上进行了研究，由此神经外科进入了机器人手术的时代。系统中手术者依据术前 CT 影像资料把病变位置换算成特定的坐标，并配合机器人定位技术实现坐标位点的精准穿刺。PUMA200[284]是神经外科手术机器人经典模型的代表，它将机器人系统和立体定向手术框架结合起来，并且主要是用来协助外科医生进行病灶活检和抽吸血肿。然而，由于神经外科手术精细解剖结构及手术操作空间等因素的制约，导致神经外科术后患者晚期进展缓慢。目前，神经外科手术机器人在脑外科、活检、定点刺激（帕金森病）、电极测量（癫痫病立体定向电极植入手术）、清除囊肿或血肿排空的手术中得到应用。

与传统手术方式相比，神经外科手术机器人辅助影像定位能力更强，能够实现病灶及其周围正常组织的 3D 数字化显示，以及与多模态融合技术相结合辅助医生快速确定病变组织。该机械臂能够在较窄的手术区域内多方位作业，多角度摄像头能够实时传输手术区域图像，缩小手术盲区；震颤过滤系统能够过滤手术者手的颤动，增加操作稳定性。

7.2
神经外科手术机器人国内外研究现状

7.2.1　国外研究现状

（1）Neuro Mate 手术机器人

Neuro Mate[285]是美国 FDA 首批批准用于临床的神经外科手术机器人，可进行立体定向手术。手术医师依据术前影像规划手术，再配合被动机械臂执行手术。它可以锁定关节并将穿刺针和电极等设备精确地送至预定靶点上，指导手术医师进行活检，取异物和囊肿抽吸。Neuro Mate 利用术前影像资料定位，若出现脑组织移位时系统误差显著增大。目前，其新版已经应用于临床，其被动地把手术器械送至手术部位，是一种半自动机器人。

（2）ROSA 手术机器人

ROSA 机器人是新一代多功能手术机器人（图 7.1），被誉为神经外科医者手中的"达芬奇"机器人，不仅手术安全性好、精准度高、适应证广泛，而且可灵活设计手术入路[286]。山东省千佛山医院神经外科自 2018 年 9 月起引进省内首台 ROSA 机器人，开展 ROSA 机器人辅助下的神经外科手术，目前初步应用已完成各类手术 14 例。

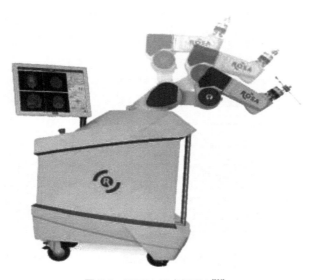

图 7.1　ROSA 手术机器人[286]

ROSA 机器人定位精确。ROSA 具备 4 种注册和配准方式（体表标记点注册、颅骨植入标记点注册、框架标记点注册、无标记点的激光自动注册），其中，无标记点激光自动注册系统是唯一实现手术过程中激光定向、定位的机器人系统。通过这些注册方式，ROSA 达成了临床应用 20 例（39 侧）DBS，x 轴平均误差为 0.68mm，y 轴平均误差为 0.63mm 的成果。

ROSA 机器臂在手术时具有较大的工作范围，有 360° 的六自由度及自动传感装置等特点，在理论上不存在手术盲区及死角。例如，对定向要求很高的脑干出血患者，有研究采用 ROSA 对 16 例近 6 个月内手术治疗的患者进行了治疗，手术时间平均只有 37min，血肿抽吸引流率和术后再出血率两个主要临床指标同样获得了令人满意的结果[287]。

ROSA 使神经外科领域发生了革命性变化，成为当前最适合 DBS 置入的机器人系统，是目前唯一能应用于神经内镜手术且能在手术过程中实时航行的机器人系统。

（3）Neuroarm 机器人

机器人辅助神经外科萌芽在 20 世纪 80 年代，但受当时科学技术水平的限制，虽然提高了定位的准确性，但是其操作安全性难以保证，所以没有得到广泛的应用。随着科技的进一步发展及转化医学理念的提出，2007 年新一代神经外科手术机器人 Neuroarm 问世（图 7.2），标志着机器人辅助神经外科的再次兴起。2008 年 5 月 12 日，Neuroarm 成功为一位 21 岁的女性患者实施了嗅沟脑膜瘤切除术。这是世界上第一例由机器人完成的脑肿瘤手术[288]。

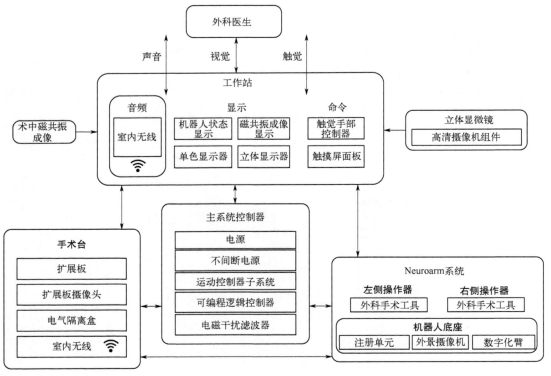

图 7.2　Neuroarm 系统整体设计图[289]

Neuroarm 系统由两条工作臂（manipulator）、一个注册臂（registration arm）、两个高清外景摄像机（field camera）、一个可移动基座（movable base）、一个远程工作站（remotework station）及一个系统控制箱（system control cabinet）组成。

如图 7.3 所示，工作臂采用仿人体手臂设计，设有"肩""肘""腕"三大关节，7 个自由度，远端可以握持手术机械。手术器械和工作臂末端之间设有高精度及灵敏度的感受器，用来将器械尖端的压力及扭转力信息传送到控制手柄。高清外景摄像机位于工作臂的两侧，采集视频信息并传送到远程工作站的 3D 显示器上。显微镜主镜下的视频信息则传送到远程工作站的另一个 3D 显示器上。

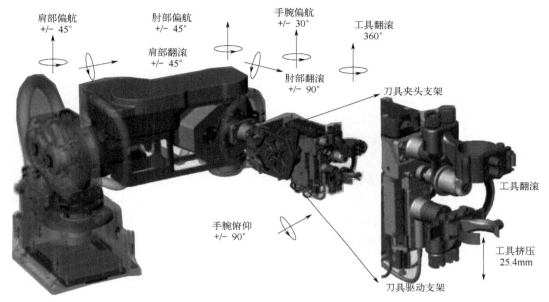

图 7.3 工作臂结构示意图[289]

远程工作站安装在毗邻手术室的房间内，采用中央集控型的设计，集视觉、触觉和听觉信息于一体，使操作者可以获得近乎手术现场的感官体验。除了高清外景摄像机和显微镜所提供的视觉信息外，工作站还设有两个可触摸显示屏，分别用来展示 2D 或 3D 的 MRI 图像，及反映整个 Neuroarm 系统工作状态的虚拟图像，如图 7.4 所示。

图 7.4 远程工作站[289]

　　Neuroarm 准确性高，肌肉的细微颤动在高倍显微镜下会变得异常明显，一定程度上限制了操作的准确性，工作臂可以通过电脑精确控制，将颤抖过滤掉。不存在耐力问题，无须考虑手术者对操作体位舒适性的需要。除此之外，Neuroarm 可以在采集 MRI 图像的同时进行操作，做到了真正意义上实时影像引导下的精确操作；还可以预先设置禁区（no-go zones），确保操作在安全的范围内进行，对病变周围正常脑组织具有重大的保护意义。然而，Neuroarm 还存在灵活性差等缺点，工作臂缺乏本体感受器，不能将自身的空间位置信息反馈给操作者，未来需要完善触觉反馈信息。

7.2.2　国内研究现状

（1）睿米手术机器人

　　北京柏惠维康科技有限公司自主研制的睿米手术机器人是国内首个获得国家食品药品监督管理总局批准的国产神经外科手术机器人，适用于电刺激术、颅内活检、电极植入、辅助开颅等临床应用。

　　首都医科大学附属北京天坛医院在睿米机器人方面已具备成熟经验。截至 2019 年 10 月，天坛医院神经外科睿米机器人年度用量已经达 300 台。2021 年 11 月，天坛医院专家团队利用睿米机器人在河北省首台和国内第三台 5G 远程环境中成功地进行了机器人辅助脑深部电刺激（Deep Brain Stimulation，DBS）帕金森病手术，远程手术成功，使机器人辅助治疗又上了一个新台阶。

　　如图 7.5 所示，睿米机器人主要由摄像头、机械臂和影像显示等组成，并配有相应软件系统，使用机械臂完成医师在手术导航软件中拟定的手术计划，使病人、影像、摄像头与机械臂之间建立空间坐标关系并进行导航与精准定位[290]。将放射影像学、计算机图像图形学、机器人学、立体定向技术与神经外科学相结合，具有多模态影像融合、标志物自动识别、高级影像处理、精准导航定位、多靶点路径规划、多功能操作平台 6 个核心功能。

神经外科导航定位机器人

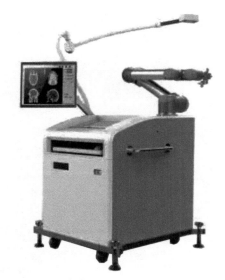

图 7.5　睿米手术机器人[291]

机器人在神经外科手术中，在精准定位、导航手术等方面各有其功能[292]：

① 运动障碍性疾病（帕金森、原发震颤和肌张力障碍）：DBS 靶点定位、路径设计、导航。

② 癫痫：药物难治性癫痫病灶定位诊断必需的立体定向脑电图检查（SEEG）时行脑内多点电极植入术。

③ 颅内占位病变：包括两种情况下的应用，一种是对已经明确的病灶进行精准定位及最佳切除路径的设定；另一种为病理性质不明特别是累及功能区病变穿刺活检，确定拟检靶点位置并设置路径。

睿米手术机器人应用于 DBS、SEEG、颅内微小病灶、功能区病灶定位、导航及脑组织活检等手术过程中，利用多模态影像融合技术可以对靶目标或者靶点进行精准定位和最优路径设计等操作，其误差均小于 1mm，减少了操作时间并提高了操作精度[293-295]。

（2）CRAS 机器人系统

CRAS（Computer and Robot Assisted Surgery）[296]是中国人民解放军海军总医院与北京航空航天大学联合开发的机器人系统，目前已进入第 5 代。

第 1 代于 1997 年 5 月首次应用于临床，为主动机器人，以 PUMA260 为基础，与定位框架一起使用。1999 年研制出第 2 代，实现了无框架立体定向手术。该系统包含影像引导装置、三维定位软件和智能机械臂三部分，分别完成测定靶点坐标、规划穿刺轨迹和平台导航操作等功能。第 3 代机器人系统采用上悬圆盘式底座，固定其间的五关节机械臂可按手术者在局域网发出的指令，主动沿预定轨迹运动，将穿刺针指向靶点，在第 2 代无框架手术功能上增添了动力性。2003 年诞生的第 4 代机器人系统采用旁立拉杆式底座，机械臂主动操作的空间更广泛，手术定位更精确 （精度误差< 1mm），在第 2 代无框架手术功能上增添了远程操作性。由于增加了立体视觉识别系统，实现了经网络传输的远程操作手术。利用第 4 代机器人的远程操作功能，已实现了北京—沈阳、北京—葫芦岛专线远程操作手术 12 例。

第 5 代机器人除具有前 4 代机器人的先进特点外,创新点在于自动定位功能更加先进,实现了视觉自动定位，使手术误差更小，手术操作更加快捷安全。该系统能通过互联网实施远程操作手术，2005 年 12 月 12 日，在北京与延安之间利用国际互联网，已成功进行了两例立体定向手术。

（3）基于 3D 机器视觉的新型手术协作机器人

基于 3D 机器视觉的新型手术协作机器人是解放军总医院第一医学中心陈晓雷教授团队研发的于 2022 年，如图 7.6 所示。该机器人通过 3D 视觉相机利用人工智能（AI）算法识别位于导引器工作鞘尾端的特定标记，自动计算工作鞘的最佳拟合角度，将固定于机械臂头端的内镜或外视镜移动至拟合导引器的最佳角度，保持与术野距离和镜头焦距不变，以便快速获得最佳观察角度和清晰术野，而不依靠传统光学导航。

该新型手术协作机器人体积较小，重量较轻，方便移动，硬件成本也不高，相信其未来应用于临床手术中可用于内镜持镜，解放术者双手进行手术操作，从而显著提高手术效率。该机器人还具有较高的定位精度，工作效率较高，外视镜调整仅需 1min，且视野清晰稳定[298]。尽管多项体外模拟测试取得令人鼓舞的结果，但仍需大样本随机对照试验进一步证实神经外科手术协作机器人的临床价值。

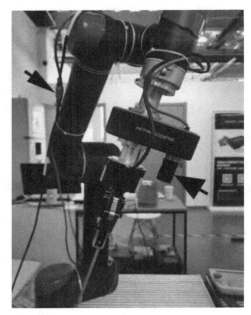

图 7.6　基于 3D 机器视觉的新型手术协作机器人[297]

7.3
本章小结

　　神经外科是机器人外科较早涉足的一个领域，近年来神经外科手术机器人得到飞速发展，手术系统也由立体定向手术向开颅显微外科乃至远程手术方向演变。本章详细介绍了神经外科机器人发展概况和当前国内外研究状况，并对一些常见的神经外科机器人的技术结构进行了具体阐述。

第**8**章

其他手术机器人

8.1
概述

　　手术机器人在我国起步较晚，但是随着近年来新技术不断提高，国家政策不断扶持以及临床需求不断提高，国内手术机器人正在迅速发展。骨科手术机器人、神经外科手术机器人研制得比较早、比较快，技术比较成熟，目前国内外已有产品通过了国家药品监督管理局（NMPA）的验收。血管介入手术机器人、心脏电生理治疗手术机器人虽然起步晚，但是发展迅速，许多产品都在开发或者申报审批的过程中。然而口腔、耳鼻喉及眼科专科在手术操作上有一定的特殊性，同时受到需求市场制约，现有专科手术机器人技术还相对不够成熟，适用范围还不够广泛，发展缓慢。

8.2
种植牙手术机器人

　　随着口腔种植技术的普及和推广，口腔种植技术已经逐步成为牙列缺失、缺损治疗的主要方法，对牙列功能和美观修复起着举足轻重的作用。传统口腔种植手术，其种植效果多依赖于医师临床经验及操作准确性，凡操作稍有差错及偏差，均可影响远期功能及美观效果，甚至破坏下牙槽神经、上颌窦底和鼻底黏膜的重要解剖结构而引起不应有的并发症，所以，对于医生技术水平提出了极高的要求。此外，因口腔空间狭窄，以及口颊软硬组织遮挡等原因，往往不能直视完成种植手术，给种植精度带来负面影响。种植牙手术机器人能很好地解决这些问题,在操作精度和安全性上有独特的优势。

　　Yomi[254]是一种由软件实现术前规划并采用物理及触觉引导的手术器械,在手术过程中为手术器械导航而无须借助手术导板,能实现牙种植体的精确规划与安放,能有效钻出事先计划好的深度,从而避免危险解剖结构的出现,显著提高了种植手术的精确度、灵活性与安全性。

　　瑞医博种植牙手术机器人由北京柏惠维康科技股份有限公司研发,于2021年4月获我国NMPA批准,是国内首款获NMPA认证的种植牙手术机器人。瑞医博种植牙手术机器人由机械臂、手术导航软件、光学跟踪定位仪、专用仪器车、定位导板、钻头标定板和探针等组成[299],如图8.1所示。

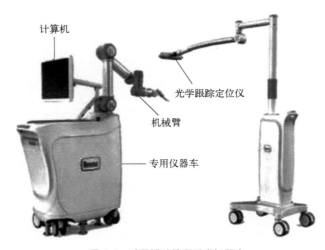

图8.1　瑞医博种植牙手术机器人

　　瑞医博口腔种植机器人通过视觉导航与图像配准技术,实现对机械臂的实时导航,辅助医生完成种植手术,保证手术的精准性与一致性,降低手术复杂性及手术创伤,实现口腔种植的微创治疗[300]。2020年9月至10月,北京大学第三医院口腔科对66例牙列缺损采用瑞医博口腔种植机器人行口腔种植手术[301]。

　　如图8.2所示,种植术前进行口腔锥形束CT(cone beam CT,CBCT)检查,将CBCT的信息数据以DICOM文件格式导入导航软件中,进而在术前完成患者三维影像的重建,并在三维影像上规划种植体三维位置。再将种植手机装在机械臂端部夹持器内,并在手机钻针部位组装具有定位标志特点的手机标定板,打开导航软件登记机械臂和CBCT图像。最后,通过计算获得机械臂和CBCT图像之间的空间登记关系,实现机械臂在CBCT图像空间中对规划种植体进行识别跟踪和定位[302]。

　　最终所有患者手术都顺利完成,手术时间(从切开软组织到切口缝合完毕)15~45min,平均25min。CBCT的DICOM影像数据的读取与显示、手术规划制定、机械臂和患者注册过程都非常顺利,术中机器使用均满意。术后CBCT提示种植体准确植入计划部位,避免了邻近重要解剖结构的影响,无与手术有关的并发症[303]。

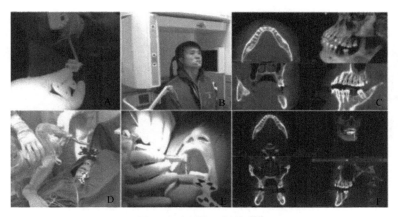

图 8.2　瑞医博手术过程[302]

A—使用临时冠桥树脂将定位导板固定于患者同颌非手术侧牙列；B—患者佩戴定位导板拍摄术前 CBCT；C—将术前 CBCT 数据导入手术导航软件行术前种植体三维位置的规划；D—术前患者及机械臂的注册；E—术中机械臂在导航下完成种植窝洞的逐级备洞；F—术后患者佩戴定位导板再次拍摄 CBCT，并将数据导入手术导航软件与术前规划的种植体影像相融合计算误差

8.3

眼科手术机器人

　　眼睛是人体内最重要的感觉器官之一，大脑中 80% 的信息都是从眼睛中获取的，眼部疾病或失明会给我们的生活造成极大的不便。在传统术式下，对于医师技术要求较高，由于医师手部颤抖，较难满足手术操作精度需求。而手术操作力尺度微小，甚至超过人手的感知极限，医生很难精确感知器械与眼组织的接触力。随着医学影像技术、传感器技术和机器人技术的飞速发展，医疗机器人已经成为先进机器人领域中的一个重要研究领域，机器人协助外科手术具有操作灵活性，在稳定性和精准性上也有着明显的优势，推动眼科手术朝着微创化、智能化和精准化的方向不断发展。

　　眼科手术机器人技术的研究起始于 20 世纪 90 年代，研究者们研发了构型各异的眼科机器人以及智能手术器械。

　　Preceyes 机器人由荷兰埃因霍温大学以及英国牛津大学的学者们研发（图 8.3），针对视网膜手术，利用主从控制模式，主从手同构配置，从手可以基于霍尔传感器进行相关探测节段的旋转，通过配重使机构达到静平衡状态，让医生更直观地操作。Preceyes 机器人完成了全球首例机器人辅助操作的视网膜手术，在一例患者视网膜表面成功摘去再生膜 0.01mm[304]。牛津大学的一个研究小组于 2018 年 6 月使用这种新型医疗机器人对多位病人进行眼部手术，其效果和人工手术的效果一致。

　　IRISS（Intraocular Robotic Interventional and Surgical System）机器人系统采用主从控制方式，如图 8.4 所示，由两个主手操作杆和两个独立的机械臂构成，腕关节和肘关节转动范围为 120°，末端具有较大的运动范围，从而既能进行眼前节手术（如白内障手术），又能进行眼后节手术（如玻璃体切割术）。IRISS 使用双端口手术显微镜、3D 外科手术相机和高分辨率平板显示器构建立体视觉系统，使医生能够在显示器上看到立体图像来执行手术。

图 8.3　Preceyes 机器人主操作手示意图[304]　　　　　　　　图 8.4　IRISS 机器人[305]

　　北京航空航天大学的研究者于 2006 年开始从眼组织生物力学角度出发，研究器械对眼组织作用力、角膜缝线打结、角膜环钻变形、视网膜静脉血管搭桥、眼内运动规划算法等，最终形成眼科机器人技术体系[306]，如图 8.5 所示。该团队已完成角膜移植自动缝合器研发与制造，研制出角膜移植显微手术用机器人控制系统，并在离体猪眼球和活体兔上成功进行了玻璃体切除、视网膜搭桥手术等实验。

图 8.5　北京航空航天大学研制的角膜环切机器人和双臂视网膜机器人[305]

8.4
人工耳蜗植入手术机器人

　　RobOtol 手术机器人是一种多自由度的耳科机器人（图 8.6），为主从控制结构，能使电极在无震颤情况下在最佳角度慢慢植入，以免伤及面部神经。2019 年 11 月，上海市第九人民医院采用 RobOtol 型手术机器人，完成了我国第一例手术机器人协助人工耳蜗植入的手术任务[254]，能够有效提升手术操作稳定性及定位精度。

　　通过国内外学者的不断探索研究，未来的人工耳蜗植入手术机器人还有很多关键技术和理念需要突破，包括医学机理、

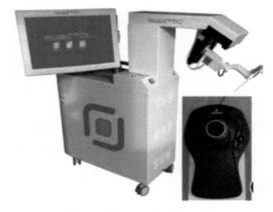

图 8.6　RobOtol 手术机器人[254]

机器人及手术器械设计、影像处理、手术规划导航、术中术后评估等，只有这样才能研制出满足临床需求的机器人系统，从而有效解决人工耳蜗植入术中的问题[307]。

8.5
本章小结

本章详细介绍了几种专科手术机器人，阐述了其在国内外的发展现状及临床应用现状。专科手术机器人（如口腔科、眼科等）相比于骨科、血管机器人来说，发展较缓慢，但由于国家大力扶持，近年来发展速度越来越快，在临床上的应用也越来越广泛。

参考文献

[1] Pierre E, Bradley J, Michael G. A decade retrospective of medical robotics research from 2010 to 2020[J]. Science Robotics, 2021, 6(60): eabi8017.

[2] Schiemann M, Killmann R, Kleen M, et al. Vascular guide wire navigation with a magnetic guidance system: Experimental results in a phantom[J].Radiology, 2004, 232(2): 475-481.

[3] Smilowitz N, Weisz G. Robotic-assisted angioplasty: current status and future possibilities[J]. Current Cardiology Reports, 2012, 14(5): 642-646.

[4] Weisz G, Metzger D, Caputo R, et al. Safety and feasibility of robotic percutaneous coronary intervention[J]. Journal of the American College of Cardiology, 2013, 61(15): 1596-1600.

[5] Granada J, Delgado J, Uribe M, et al. First-in-human evaluation of a novel roboticassisted coronary angioplasty system[J]. JACC: Cardiovascular Interventions, 2011, 4(4): 460-465.

[6] Carrozza J. Robotic-assisted percutaneous coronary intervention filling an unmet need[J]. Journal of Cardiovascular Translational Research, 2012, 5(1): 62-66.

[7] Mahmud E, Dominguez A, Bahadorani J. First-in-human robotic percutaneous coronary intervention for unprotected left main stenosis[J]. Catheterization and Cardiovascular Interventions, 2016, 88(4): 565-570.

[8] Smitson C, Ang L, Pourdjabbar A, et al. Safety and feasibility of a novel, Second-generation robotic-assisted system for percutaneous coronary intervention: First-in-human report[J]. The Journal of Invasive Cardiology, 2018, 30(4): 152-156.

[9] Bergman P, Blacker S, Kottenstette N, et al. Robotic-assisted percutaneous coronary intervention[J]. Handbook of Robotic and Image-Guided Surgery, 2020: 341-362.

[10] Peters B, Armijo P, Krause C, et al. Review of emerging surgical robotic technology[J]. Surgical Endoscopy, 2018, 32(4): 1636-1655.

[11] Beasley R. Medical robots: Current systems and research directions[J]. Journal of Robotics, 2012, 2012(1): 401613.1-401613.14.

[12] Rafii-Tari H, Payne C, Yang G. Current and emerging Robot-assisted endovascular catheterization technologies: A review[J]. Annals of Biomedical Engineering: The Journal of the Biomedical Engineering Society, 2014, 42(4): 697-715.

[13] Russo A, Fassini G, Conti S, et al. Analysis of catheter contact force during atrial fibrillation ablation using the robotic navigation system: Results from a randomized study[J]. Journal of Interventional Cardiac Electrophysiology: An International Journal of Arrhythmias and Pacing, 2016, 46(2): 97-103.

[14] Hlivk P, Mlochov H, Peichl P, et al. Robotic navigation in catheter ablation for paroxysmal atrial fibrillation: Midterm efficacy and predictors of postablation arrhythmia recurrences[J]. Journal of Cardiovascular Electrophysiology, 2011, 22(5): 534-540.

[15] Datino T, Arenal A, Pelliza M, et al. Comparison of the safety and feasibility of arrhythmia ablation using the amigo robotic remote catheter system versus manual ablation[J]. American Journal of Cardiology, 2014, 113(5): 827-831.

[16] Riga C, Bicknell C, Rolls A, et al. Robot-assisted fenestrated endovascular aneurysm repair (FEVAR) using the Magellan System[J]. Journal of Vascular and Interventional Radiology, 2013, 24(2): 191-196.

[17] Bismuth J, Kashef E, Cheshire N, et al. Feasibility and safety of remote endovascular catheter navigation in a porcine model[J]. Journal of Endovascular Therapy, 2011, 18(2): 243-249.

[18] Rolls A, Riga C, Bicknell C, et al. Robot-assisted uterine artery embolization: a first-in-woman safety evaluation of the magellan system[J]. Journal of Vascular and Interventional Radiology, 2014, 25(12): 1841-1848.

[19] Khan E, Frumkin W, Ng G, et al. First experience with a novel robotic remote catheter system: Amigo™ mapping trial[J]. Journal of Interventional Cardiac Electrophysiology, 2013, 37(2): 121-129.

[20] Catheter Robotics, Inc. Amigo in clinical use[EB/OL]. (2013-04-16)[2022-03-15] http://www.catheterprecision.com/europe/product-main.htm.

[21] Shaikh Z, Eilenberg M, Cohen T. The Amigo remote catheter system: from concept to bedside[J]. Journal of Innovations in Cardiac Rhythm Management, 2017, 8(8): 2795-2802.

[22] Kersten D, Mitrache A, Asheld W, et al. Utility of the manual override feature in Catheter Robotics' Amigo®robotic catheter manipulation system[J]. EP LabDigest, 2015, 15(3): 21-29.

[23] Ernst S, Ouyang F, Linder C, et al. Initial experience with remote catheter ablation using a novel magnetic navigation system: magnetic remote catheter ablation[J]. Circulation, 2004, 109(12): 1472-1475.

[24] Pappone C, Vicedomini G, Manguso F, et al. Robotic magnetic navigation for atrial fibrillation ablation[J]. Journal of the American College of Cardiology, 2006, 47(7): 1390-1400.

[25] Iyengar S, Gray W. Use of magnetic guidewire navigation in the treatment of lower extremity peripheral vascular disease: report of the first human clinical experience[J]. Catheterization and Cardiovascular Interventions, 2009, 73(6): 739-744.

[26] Dos-Reis J, Soullie P, Battaglia A, et al. Electrocardiogram acquisition during remote magnetic catheter navigation[J]. Annals of Biomedical Engineering, 2019, 47(4): 1141-1152.

[27] 郭书祥，石立伟. 血管介入手术机器人[M]. 北京：化学工业出版社，2023.

[28] Guo S, Fukuda T, Kosuge K, et al. Micro catheter system with active guide wire[C]. IEEE International Conference on Robotics and Automation (ICRA), Nagoya, Japan: IEEE, 1995: 79-84.

[29] Tanimoto M, Arai F, Fukuda T, et al. Micro force sensor for intravascular neurosurgery[C]. IEEE International Conference on Robotics and Automation (ICRA), Albuquerque, USA: IEEE, 1997: 1561-1566.

[30] Arai F, Fujimura R, Fukuda T, et al. New catheter driving method using linear stepping mechanism for intravascular neurosurgery[C]. IEEE International Conference on Robotics and Automation (ICRA), Washington, DC, USA: IEEE, 2002: 2944-2949.

[31] Tercero C, Ikeda S, Uchiyama T, et al. Autonomous catheter insertion system using magnetic motion capture sensor for endovascular surgery[J]. International Journal of Medical Robotics and Computer Assisted Surgery, 2010, 3(1): 52-58.

[32] Guo S, Fukuda T, Arai F, et al. Micro active guide wire catheter system[C]. IEEE International Conference on Intelligent Robots and Systems (IROS), Shanghai, China: IEEE, 1995: 517-521.

[33] Guo J, Guo S, Xiao N, et al. A novel robotic catheter system with force and visual feedback for vascular interventional surgery[J]. International Journal of Mechatronics and Automation, 2012, 2(1): 15-24.

[34] Ma X, Guo S, Xiao N, et al. Development of a novel robotic catheter manipulating system with fuzzy PID control[J]. International Journal of Intelligent Mechatronics and Robotics, 2012, 2(2): 58-77.

[35] Tamiya T, Guo S, Gao B, et al. Clamping force evaluation for a robotic catheter navigation system[J]. Neuroscience and Biomedical Engineering, 2013, 1(2): 141-145.

[36] Ma X, Guo S, Xiao N, et al. Evaluating performance of a novel developed robotic catheter manipulating system[J]. Journal of Micro-Bio Robotics, 2013, 8(3-4): 133-143.

[37] Zhang L, Guo S, Yu H, et al. Design and performance evaluation of collision protection-based safety operation for a haptic robot-assisted catheter operating system[J]. Biomedical Microdevices, 2018, 20(2): 20-32.

[38] Yu S, Guo S, Yin X, et al. Performance evaluation of a robot-assisted catheter operating system with haptic feedback[J]. Biomedical Microdevices, 2018, 20(2): 50-66.

[39] Guo J, Guo S, Tamiya T, et al. Design and performance evaluation of a master controller for endovascular catheterization[J]. International Journal of Computer Assisted Radiology and Surgery, 2015, 11(1): 1-13.

[40] Yin X, Guo S, Hirata H, et al. Design and experimental evaluation of a teleoperated haptic robot-assisted catheter operating system[J]. Journal of Intelligent Material Systems and Structures, 2016, 27(1): 3-16.

[41] Yin X, Guo S, Xiao N, et al. Safety operation consciousness realization of a MR fluids-based novel haptic interface for teleoperated catheter minimally invasive neuro surgery[J]. IEEE/ASME Transactions on Mechatronics, 2016, 21(2): 1043-1054.

[42] Guo J, Guo S, Tamiya T, et al. A virtual reality-based method of decreasing transmission time of visual feedback for a tele-operative robotic catheter operating system[J]. The International Journal of Medical Robotics and Computer Assisted Surgery, 2016, 12(1): 32-45.

[43] Wang Y, Guo S, Tamiya T, et al. A blood vessel deformation model based virtual-reality simulator for the robotic catheter operating system[J]. Neuroscience and Biomedical Engineering, 2014, 2(3): 126-131.

[44] Wang Y, Guo S, Gao B. Vascular elasticity determined mass-spring model for virtual reality simulators [J]. International

Journal of Mechatronics and Automation, 2015, 5(1): 1-10.

[45] Wang Y, Guo S, Tamiya T, et al. A virtual-reality simulator and force sensation combined catheter operation training system and its preliminary evaluation[J]. International Journal of Medical Robotics and Computer Assisted Surgery, 2017, 13(3): 1-11.

[46] Jin X, Guo S, Guo J, et al. Total force analysis and safety enhancing for operating both guidewire and catheter in endovascular surgery[J]. IEEE Sensors Journal, 2021, 21(20): 22499 -22509.

[47] Shi P, Guo S, Zhang L, et al. Design and evaluation of a haptic Robot-assisted catheter operating system with collision protection function[J]. IEEE Sensors Journal, 2021, 21(18): 20807-20816.

[48] You H, Bae E K, Moon Y, et al. Automatic control of cardiac ablation catheter with deep reinforcement learning method[J]. Journal of Mechanical Science and Technology, 2019, 33(11): 5415-5423.

[49] Moon Y, Hu Z, Won J, et al. Novel design of master manipulator for robotic catheter system[J]. International Journal of Control,Automation and Systems, 2018, DOI: 10.1007/s12555-018-0089-7.

[50] Song H, Woo J, Won J, et al. In vivo usability test of vascular intervention robotic system controlled by two types of master devices[J]. Applied Sciences, 2021, 11(12): 5453.

[51] Cha H, Yoon H, Jung K, et al. A robotic system for percutaneous coronary intervention equipped with a steerable catheter and force feedback function[C]. IEEE/RSJ International Conference on Intelligent Robots and Systems (IROS), Daejeon, Korea: IEEE, 2016: 1151-1156.

[52] Cha H, Yi B, Woo J. An assembly-type master-slave catheter and guidewire driving system for vascular intervention[J]. Journal of Engineering in Medicine, 2017, 231(1): 69-79.

[53] Jeon S, Hoshiar A, Kim K, et al. A magnetically controlled soft microrobot steering a guidewire in a three-dimensional phantom vascular network[J]. Soft Robotics, 2019, 6(1): 54-68.

[54] Woo J, Song H, Cha H, et al. Advantage of steerable catheter and haptic feedback for a 5-DOF vascular intervention robot system[J]. Applied Sciences, 2019, 9(20): 4305.

[55] Shi Y, Li N, Tremblay C, et al. A piezoelectric robotic system for MRI targeting assessments of therapeutics during dipole field navigation[J]. IEEE/ASME Transactions on Mechatronics, 2020, 26(1): 214-225.

[56] Azizi A, Tremblay C, Kevin G, et al. Using the fringe field of a clinical MRI scanner enables robotic navigation of tethered instruments in deeper vascular regions[J]. Science Robotics, 2019, 4(36): eaax7342.

[57] Sankaran N, Chembrammel P, Thenkurussi K. Force calibration for an endovascular robotic system with proximal force measurement[J]. International Journal of Medical Robotics and Computer Assisted Surgery, 2020, 16(2): e2045.

[58] Sankaran N, Chembrammel P, Siddiqui A, et al. Design and development of surgeon augmented endovascular robotic system[J]. IEEE Transactions on Biomedical Engineering, 2018, 65(11): 2483-2493.

[59] Gelman D, Skanes A, Tavallaei M, et al. Design and evaluation of a catheter contact-force controller for cardiac ablation therapy[J]. IEEE Transactions on Biomedical Engineering, 2016, 63(11): 2301-2307.

[60] Tavallaei M, Thakur Y, Haider S, et al. A magnetic-resonance-imaging-compatible remote catheter navigation system[J]. IEEE Transactions on Biomedical Engineering, 2013, 60(4): 899-905.

[61] Tavallaei M, Gelman D, Lavdas M, et al. Design, development and evaluation of a compact telerobotic catheter navigation system[J]. International Journal of Medical Robotics and Computer Assisted Surgery, 2016, 12(3): 442-452.

[62] Tavallaei M, Johnson P, Liu J, et al. Design and evaluation of an MRI-compatible linear motion stage[J]. Medical Physics, 2016, 43(1): 62-71.

[63] Kundrat D, Dagnino G, Kwok T, et al. An MR-safe endovascular robotic platform: design, control, and ex-vivo evaluation[J]. IEEE Transactions on Biomedical Engineering, 2021, 68(10): 3110-3121.

[64] Abdelaziz M, Stramigioli S, Yang G, et al. Toward a versatile robotic platform for fluoroscopy and MRI-guided endovascular interventions: A pre-clinical study[C]. IEEE/RSJ International Conference on Intelligent Robots and Systems (IROS), Macau, China: IEEE, 2019: 5411-5418.

[65] Dagnino G, Liu J, Abdelaziz M, et al. Haptic feedback and dynamic active constraints for robot-assisted endovascular catheterization[C]. IEEE/RSJ International Conference on Intelligent Robots and Systems (IROS), Madrid, Spain: IEEE, 2018: 1770-1775.

[66] Yuen S, Kettler D, Novotny P, et al. Robotic motion compensation for beating heart intracardiac surgery[J]. International Journal of Robotics Research, 2009, 28(10): 1355-1372.

[67] Kesner S, Howe R. Design and control of motion compensation cardiac catheters[C]. IEEE International Conference on Robotics and Automation (ICRA), Anchorage, AK, USA: IEEE, 2010: 1059-1065.

[68] Kesner S, Howe R. Position control of motion compensation cardiac catheters[J]. IEEE Transactions on Robotics, 2011, 27(6): 1045-1055.

[69] Kesner S, Howe R. Force control of flexible catheter robots for beating heart surgery[C]. IEEE International Conference on Robotics and Automation (ICRA), Shanghai, China: IEEE, 2011: 1589-1594.

[70] Srimathveeravalli G, Kesavadas T, Li X. Design and fabrication of a robotic mechanism for remote steering and positioning of interventional devices[J]. International Journal of Medical Robotics and Computer Assisted Surgery, 2010, 6(2): 160-170.

[71] Bechet F, Ogawa K, Sariyildiz E, et al. Electro-hydraulic transmission system for minimally invasive robotics[J]. IEEE Transactions on Industrial Electronics, 2015, 62(12): 7643-7654.

[72] Cercenelli L, Marcelli E, Plicchi G. Initial experience with a telerobotic system to remotely navigate and automatically reposition standard steerable EP catheters[J]. ASAIO Journal, 2007, 53(5): 523-529.

[73] Marcelli E, Cercenelli L, Plicchi G. A novel telerobotic system to remotely navigate standard electrophysiology catheters[C]. Computers in Cardiology (CIC), Bologna, Italy: IEEE, 2008: 137-140.

[74] Beyar R, Wenderow T, Lindner D, et al. Concept, design and pre-clinical studies for remote control percutaneous coronary interventions[J]. EuroIntervention, 2005, 1(3): 340-345.

[75] Beyar R, Gruberg L, Deleanu D, et al. Remote-control percutaneous coronary interventions: concept, validation, and first-in-humans pilot clinical trial[J]. Journal of the American College of Cardiology, 2006, 47(2): 296-300.

[76] Fu Y, Gao A, Liu H, et al. Development of a novel robotic catheter system for endovascular minimally invasive surgery[C]. IEEE/ICME International Conference on Complex Medical Engineering (ICCME), Harbin, Heilongjiang, China: IEEE, 2011: 400-405.

[77] Song T, Pan B, Niu G, et al. Preoperative planning algorithm for robot-assisted minimally invasive cholecystectomy combined with appendectomy[J]. IEEE Access, 2020, 8: 177100-177111.

[78] Feng Z, Bian G, Xie X, et al. Design and evaluation of a bio-inspired robotic hand for percuta-neous coronary intervention[C]. IEEE International Conference on Robotics and Automation (ICRA), Seattle, USA: IEEE, 2015: 5338-5343

[79] Li W, Xie X, Bian G, et al. Guide-wire detection using region proposal network for X-ray image-guided navigation[C]. IEEE International Joint Conference on Neural Networks (IJCNN), Alaska, USA: IEEE, 2017: 3169-3175.

[80] 奉振球, 侯增广, 边桂彬, 等. 微创血管介入手术机器人的主从交互控制方法与实现[J]. 自动化学报, 2016, 42(5): 696-705.

[81] Ni Z, Bian G, Hou Z, et al. Attention-guided lightweight network for real-time segmentation of robotic surgical instruments[C]. IEEE International Conference on Robotics and Automation (ICRA), Paris, France: IEEE, 2020, DOI: 10.48550/arXiv.1910.11109.

[82] Da L, Liu D. Accuracy experimental study of the vascular interventional surgical robot propulsive mechanism[C]. IEEE/ICME International Conference on Complex Medical Engineering (ICCME), Harbin, China: IEEE, 2011: 412-416.

[83] Meng C, Zhang J, Liu D, et al. A remote-controlled vascular interventional robot: System structure and image guidance[J]. International Journal of Medical Robotics and Computer Assisted Surgery, 2013, 9(2): 230-239.

[84] Wang T, Zhang D, Da L. Remote-controlled vascular interventional surgery robot[J]. The International Journal of Medical Robotics and Computer Assisted Surgery, 2010, 6(2): 194-201.

[85] 罗彪, 曹彤, 和丽, 等. 血管介入手术机器人推进机构设计及精度研究[J]. 高技术通讯, 2010, 20(12): 1281-1285.

[86] Shen H, Wang C, Xie L, et al. A novel remote-controlled robotic system for cerebrovascular intervention[J]. International Journal of Medical Robotics and Computer Assisted Surgery, 2018, 14(6): e1943.

[87] Shen H, Wang C, Xie L, et al. A novel robotic system for vascular intervention: Principles, performances, and applications[J]. International Journal of Computer Assisted Radiology and Surgery, 2019, 14(4): 671-683.

[88] 谢呦, 神祥龙, 吴朝丽, 等. 具有力反馈的心血管介入虚拟手术模拟器的研发[J]. 江西师范大学学报(自然版), 2017, 41(4): 331-337.

[89] Hu Z, Zhang J, Xie L, et al. A generalized predictive control for remote cardiovascular surgical systems[J]. ISA Transactions, 2020, 104: 336-344.

[90] Wang K, Lu Q, Chen B, et al. Endovascular intervention robot with multi-manipulators for surgical procedures: Dexterity, adaptability, and practicability[J]. Robotics and Computer-Integrated Manufacturing, 2019, 56: 75-84.

[91] Li H, Liu W, Wang K, et al. A cable-pulley transmission mechanism for surgical robot with backdrivable capability[J]. Robotics and Computer-Integrated Manufacturing, 2018, 49: 328-334.

[92] Wang K, Chen B, Lu Q, et al. Design and performance evaluation of real-time endovascular interventional surgical robotic system with high accuracy[J]. International Journal of Medical Robotics and Computer Assisted Surgery, 2018, 14(5): e1915.

[93] Wang K, Liu J, Yan W, et al. Force feedback controls of multi-gripper robotic endovascular intervention: design, prototype, and experiments[J]. International Journal of Computer Assisted Radiology and Surgery, 2020, 16(1): 179-192.

[94] Lu Q, Shen Y, Xia S, et al. A novel universal endovascular robot for peripheral arterial stent-assisted angioplasty: Initial experimental results[J]. Vascular and Endovascular Surgery, 2020, 54(7): 598-604.

[95] Omisore O, Han S, Ren L, et al. Towards characterization and adaptive compensation of backlash in a novel robotic catheter system for cardiovascular interventions[J]. IEEE Transactions on Biomedical Circuits and Systems, 2018, 12(4): 824-838.

[96] Zhou T, Omisore M, Du W, et al. A preliminary study on surface electromyography signal analysis for motion characterization during catheterization[J]. International Journal of Intelligent Robotics and Applications, 2019, DOI: 10.1007/978-3-030-27535-8_55.

[97] Du W, Omisore O, Duan W, et al. Exploration of interventionists' technical manipulation skills for robot-assisted intravascular PCI catheterization[J]. IEEE Access, 2020, 8: 53750-53765.

[98] Omisore M, Duan W, Akinyemi T, et al. Design of a master-slave robotic system for intravascular catheterization during cardiac interventions[C]. International Conference on Control, Automation, Robotics and Vision (ICARCV), Shenzhen, China: IEEE, 2020, DOI: 10.1109/ICARCV50220.2020. 9305413.

[99] Wang H, Chang J, Yu H, et al. Research on a novel vascular interventional surgery robot and control method based on precise delivery[J]. IEEE Access, 2021, (9): 26568-26582.

[100] Yu H, Wang H, Zhang W, et al. Master-slave system research of a vascular interventional surgical robot[C]. IEEE International Conference on Real-time Computing and Robotics (RCAR), Kandima, Maldives: IEEE, 2018: 469-473.

[101] Wang X, Duan X, Huang Q, et al. Kinematics and trajectory planning of a supporting medical manipulator for vascular interventional surgery[C]. IEEE/ICME International Conference on Complex Medical Engineering (ICCME), Harbin, China: IEEE, 2011: 406-411.

[102] Zhao H, Duan X, Yu H, et al. A new tele-operating vascular interventional robot for medical applications[C]. International Conference on Mechatronics and Automation (ICMA), Beijing, China: IEEE, 2011: 1798-1803.

[103] Zhao H, Duan X. Design of a catheter operating system with active supporting arm for vascular interventional surgery[C]. International Conference on Intelligent Human machine Systems and Cybernetics (IHMSC), Zhejiang, China: IEEE, 2011: 169-172.

[104] 段星光, 陈悦, 于华涛. 微创血管介入手术机器人控制系统与零位定位装置设计[J]. 机器人, 2012, 34(2): 129-136.

[105] Zhao H, Duan X, Qiang H, et al. Mechanical design and control system of vascular interventional robot[C]. IEEE/ICME International Conference on Complex Medical Engineering (ICCME), Harbin, China: IEEE, 2011: 357-362.

[106] Wang X, Duan X, Qiang H, et al. Structure design and master-slave control system of a vascular interventional robot[C]. IEEE International Conference on Robotics and Biomimetics (ROBIO), Phuket, Thailand: IEEE, 2011: 252-257.

[107] Guo J, Jin X, Guo S. Study of the operational safety of a vascular interventional surgical robotic system[J]. Micromachines, 2018, 9(3): 119.

[108] Guo J, Guo S, Yu Y. Design and characteristics evaluation of a novel teleoperated robotic catheterization system with force feedback for vascular interventional surgery[J]. Biomedical Microdevices, 2016, 18(5): 76-82.

[109] Guo J, Guo S. Design and characteristics evaluation of a novel VR-based robot-assisted catheterization training system with force feedback for vascular interventional surgery[J]. Microsystem Technologies, 2017, 23(8): 3107-3116.

[110] Guo J, Guo S, Shao L, et al. Design and performance evaluation of a novel robotic catheter system for vascular interventional surgery[J]. Microsystem Technologies, 2016, 22(9): 2167- 2176.

[111] 李亿发. 血管介入手术机器人主从同步控制研究[D]. 北京: 北京邮电大学, 2021.

[112] 杨开. 湖北介入放射人员的辐射水平、细胞微核率和放射防护现状调查分析[D]. 武汉: 武汉科技大学, 2020.

[113] 彼得·A·施奈德. 血管腔内技术: 腔内血管外科的导丝及导管技术[M]. 2 版. 李震, 吴继东, 张玮, 等译. 北京: 清华大学出版社, 2012.

[114] Jiang Y, Yang C, Wang X, et al. Kinematics modeling of Geomagic Touch X haptic device based on adaptive parameter identification[C]. IEEE International Conference on Real-time Computing and Robotics (RCAR), Angkor Wat, Cambodia: IEEE, 2016: 295-300.

[115] 许天春. 面向支撑喉镜手术的虚拟仿真系统研究[D]. 天津: 天津大学, 2006.

[116] Sun Z, Chu Z. Design of seven-function master-slave underwater electric manipulator[C]. International Conference on Automation, Control and Robotics Engineering (CACRE), Dalian, China: IEEE, 2021: 51-56.

[117] Bao X, Guo S, Xiao N, et al. A cooperation of catheters and guidewires-based novel remote-controlled vascular interventional robot[J]. Biomedical Microdevices, 2018, 20(1): 20.

[118] Bao X, Guo S, Shi L, et al. Design and evaluation of sensorized robot for minimally vascular interventional surgery[J]. Microsystem Technologies, 2019, 25: 2759-2766.

[119] Thakur Y, Holdsworth D, Drangova M. Characterization of catheter dynamics during percutaneous transluminal catheter procedures[J]. IEEE Transactions on Biomedical Engineering, 2009, 56(8): 2140-2143.

[120] Yang C, Guo S, Guo Y. Development of a novel remote controller for interventional surgical robots[C]. IEEE International Conference on Mechatronics and Automation (ICMA), Tianjin, China: IEEE, 2019: 1964-1968.

[121] 郝旭欢, 常博, 郝旭丽. MEMS 传感器的发展现状及应用综述[J]. 无线互联科技, 2016(03): 95-96.

[122] 颜国正, 邝帅, 汪炜. 胃肠道疾病无创诊查技术进展[J]. 上海交通大学学报, 2018, 52(10): 278-283.

[123] Singh A V, Sitti M. Targeted drug delivery and imaging using mobile milli/microrobots: A promising future towards theranostic pharmaceutical design[J]. Current Pharmaceutical Design, 2015, 22(11): 378-388.

[124] Dey N, Ashour A S, Shi F, et al. Wireless capsule gastrointestinal endoscopy: Direction of arrival estimation based localization survey[J]. IEEE Rev. Biomed. Eng, 2017, 10: 2-11.

[125] Mapara S, Patravale V. Medical capsule robots: A renaissance for diagnostics, drug delivery and surgical treatment[J]. J. Controll. Release, 2017, 261: 337-351.

[126] Li J, Gao W, Zhang L, et al. Micro/nanorobots for biomedicine: Delivery, surgery, sensing, and detoxification[J]. Science Robotics, 2017, 2(4): eaam 6431.

[127] Xu T. Propulsion characteristics and visual servo control of scaled-up helical Microswimmers[D]. Paris: Pierre and Marie Curie University, 2014.

[128] 唐整生. 多功能管道机器人的电子控制部分分析与设计[J]. 化学工程与装备, 2013(05): 27-30.

[129] Choi H, Jeong S, Go G, et al. Equitranslational and axially rotational microrobot using electromagnetic actuation system[J]. International Journal of Control, Automation and Systems, 2017, 15(3): 1342-1350.

[130] Jing W, Chen X, Lyttle S, et al. A magnetic thin film microrobot with two operating modes[C]. IEEE International Conference on Robotics and Automation, 2011: 96-101.

[131] Liew L A, Bright V M, Dunn M L, et al. Development of SiCN ceramic thermal actuators[C]. The Fifteenth IEEE International Conference on MICRO Electro Mechanical Systems, 2002: 590-593.

[132] Martel S, Mohammadi M. Using a swarm of self-propelled natural microrobots in the form of flagellated bacteria to perform complex micro-assembly tasks[C]. IEEE International Conference on Robotics and Automation, 2013: 500-505.

[133] Zixu W, Shuxiang G, Qiang F, et al. Characteristic evaluation of a magnetic-actuated microrobot in pipe with screw jet motion[J]. Microsystem Technologies, 2018, 24(7): 719-727.

[134] Umay I, Fidan B, Barshan B. Localization and tracking of implantable biomedical sensors[J]. Sensors, 2017, 17(3): 583-603.

[135] Lim J, Park H, An J, et al. One pneumatic line based inchworm-like micro robot for half-inch pipe inspection[J]. Mechatronics, 2008, 18(7): 315-322.

[136] Lim J, Park H, Moon S, et al. Pneumatic robot based on inchworm motion for small diameter pipe inspection[C]. IEEE International Conference on Robotics and Biomimetics, 2008: 330-335.

[137] Valdastri P, Iii R J W, Quaglia C, et al. A new mechanism for mesoscale legged locomotion in compliant tubular environments[J]. IEEE Transactions on Robotics, 2009, 25(5): 1047-1057.

[138] Yim S, Sitti M. Design and rolling locomotion of a magnetically actuated soft capsule endoscope[J]. IEEE Transactions on Robotics, 2012, 28(1): 183-194.

[139] Gao J, Yan G, Wang Z, et al. Design and testing of a motor-based capsule robot powered by wireless power transmission[J]. IEEE/ASME Transactions on Mechatronics, 2016, 21(2): 683-693.

[140] Honda T, Arai K I, Ishiyama K. Micro swimming mechanisms propelled by external magnetic fields[J]. IEEE Transactions on Magnetics, 1996, 32(5): 5085-5087.

[141] Qiu F, Mhanna R, Zhang L, et al. Artificial bacterial flagella functionalized with temperature-sensitive liposomes for biomedical applications[C]. Transducers & Eurosensors Xxvii: the, International Conference on Solid-State Sensors, Actuators and Microsystems, IEEE, 2013: 2130-2133.

[142] Peyer K E, Qiu F, Zhang L, et al. Movement of artificial bacterial flagella in heterogeneous viscous environments at the microscale[C]. International Conference on Intelligent Robots and Systems, IEEE, 2012: 2553-2558.

[143] Hwang G, Régnier S. Remotely Powered Propulsion of Helical Nanobelts[M]. Netherlands: Springer, 2012.

[144] Ghosh A, Fischer P. Controlled propulsion of artificial magnetic nanostructured propellers[J]. Nano Letters, 2009, 9(6): 2243.

[145] 王鹏. 仿生游动介入机器人设计与控制[D]. 南京: 南京航空航天大学, 2013.

[146] 张永顺, 姜生元, 张学文, 等. 肠道内可变直径胶囊机器人的动态特性[J]. 科学通报, 2009(16): 2408-2415.

[147] Zhang Y, Bai J, Chi M, et al. Optimal control of a universal rotating magnetic vector for petal-shaped capsule robot in curve environment[J]. Chinese Journal of Mechanical Engineering, 2014, 27(5): 880-889.

[148] Zhang Y, Chi M, Su Z. Critical coupling magnetic moment of a petal-shaped capsule robot[J]. IEEE Transactions on Magnetics, 2016, 52(1): 1-9.

[149] 张林霞. 多楔形效应胶囊机器人高次幂函数廓形优化[D]. 大连: 大连理工大学, 2016.

[150] 迟明路, 张永顺. 花瓣型胶囊机器人空间转弯磁矩研究[J]. 华中科技大学学报(自然科学版), 2018(4): 80-85.

[151] Pan Q, Guo S. Development of a spiral type of wireless microrobot[C]. IEEE/ASME International Conference on Advanced Intelligent Mechatronics, IEEE, 2008: 813-818.

[152] Pan Q, Guo S, Li D. Mechanism and control of a spiral type of microrobot in pipe[C]. International Conference on Robotics and Biomimetics IEEE, 2009: 43-48.

[153] Fu Q, Guo S, Zhang S, et al. Characteristic evaluation of a shrouded propeller mechanism for a magnetic actuated microrobot[J]. Micromachines, 2015, 6(9): 1272-1288.

[154] Nagy Z, Oung R, Abbott J J, et al. Experimental investigation of magnetic self-assembly for swallowable modular robots[C]. International Conference on Intelligent Robots and Systems, IEEE, 2008: 1915-1920.

[155] Harada K, Susilo E, Menciassi A, et al. Wireless reconfigurable modules for robotic endoluminal surgery[C]. International Conference on Robotics and Automation, IEEE, 2009: 2699-2704.

[156] Harada K, Oetomo D, Susilo E, et al. A reconfigurable modular robotic endoluminal surgical system: Vision and preliminary results[J]. Robotica, 2010, 28(2): 171-183.

[157] Kim L, Tang S C, Yoo S S. Prototype modular capsule robots for capsule endoscopies[C]. International Conference on Control, Automation and Systems, IEEE, 2014: 350-354.

[158] Yoo S S, Rama S, Szewczyk B, et al. Endoscopic capsule robots using reconfigurable modular assembly: A pilot study[J]. International Journal of Imaging Systems & Technology, 2015, 24(4): 359-365.

[159] 张斯佳. 橄榄型螺旋胶囊机器人的多机启动[D]. 大连: 大连理工大学, 2011.

[160] Zhang Y S, Wang D L, Ruan X Y, et al. Control strategy for multiple capsule robots in intestine[J]. Science China Technological Sciences, 2011, 54(11): 3098-3108.

[161] Fu Q, Zhang S, Guo S, et al. Performance evaluation of a magnetically actuated capsule microrobotic system for medical applications[J]. Micromachines, 2018, 9(12): 641-657.

[162] Guo J, Liu P, Guo S, et al. Development of a novel wireless spiral capsule robot with modular structure[C]. International Conference on Mechatronics and Automation, 2017: 439-444.

[163] Xu T, Yu J, Yan X, et al. Magnetic actuation based motion control for microrobots: An overview[J]. Micromachines, 2015, 6(9): 1346-1364.

[164] 谭曦, 刘军, 殷建玲, 等. 正方形亥姆霍兹线圈三维磁场及其均匀性分析[J]. 磁性材料及器件, 2012, 43(2): 52-55.

[165] Choi H, Jeong S, Lee C, et al. Three-dimensional swimming tadpole mini-robot using three-axis Helmholtz coils[J]. International Journal of Control, Automation and Systems, 2014, 12(3): 662-669.

[166] Fu Q, Guo S, Huang Q, et al. Development and evaluation of novel magnetic actuated microrobot with spiral motion using electromagnetic actuation system[J]. Journal of Medical and Biological Engineering, 2016, 36(4): 506-514.

[167] Guo S, Yang Q, Bai L, et al. Development of multiple capsule robots in pipe[J]. Micromachines, 2018, 9(6): 259.

[168] Guo S, Yang Q, Bai L, et al. A wireless multiple modular capsule robot[C]. 2018 13th World Congress on Intelligent Control and Automation (WCICA), IEEE, 2018: 147-152.

[169] Guo S, Yang Q, Bai L, et al. Magnetic driven wireless multiple capsule robots with different structures[C]. International Conference on Mechatronics and Automation (ICMA), IEEE, 2018: 626-630.

[170] 国家药典委员会. 中华人民共和国药典: 2015 年版. 四部[M]. 北京: 中国医药科技出版社, 2015.

[171] 王爱萍, 毛双法, 林燕飞, 等. 人工胃肠液对纳豆激酶纤溶活性影响研究[J]. 食品安全质量检测学报, 2018, 9(18): 40-43.

[172] 徐慧超. 螺旋推进泳动磁微机器人系统设计与实验研究[D]. 哈尔滨: 哈尔滨工业大学, 2016.

[173] 苏玉民, 黄胜. 船舶螺旋桨理论[M]. 哈尔滨: 哈尔滨工程大学出版社, 2003.

[174] 魏祥. 无线微管道机器人系统的研究[D]. 天津: 天津理工大学, 2015.

[175] 刘鹏宇. 无线微管道模块化胶囊机器人系统的研究[D]. 天津: 天津理工大学, 2018.

[176] Lawrence E S, Coshall C, Dundas R, et al. Estimates of the prevalence of acute stroke impairments and disability in a multiethnic population[J]. Stroke, 2001, 32(6): 1279-1284.

[177] Chen Z. The Third National Survey on the Cause of Death[M]. Beijing: Peking Union Medical University Press, 2008.

[178] Kleim J A, Lussnig E, Schwarz E R, et al. Synaptogenesis and FOS expession in the motor cortex of the adult rat after motor skill learning[J]. J. Neurosci, 1996, 16: 4529-4535.

[179] Moskowitz M A, Lo E H. Neurogenesis and apoptotic cell death[J]. Stroke, 2003, 34: 324-326.

[180] Nudo R J. Adaptive plasticity in motor cortex: implications for rehabilitation after brain injury[J]. J. Rehabil Med., 2003, 41: 7-10.

[181] Cohen L G, Hallett M. Neural Plasticity and Recovery of Function, Handbook of Neurological Rehabilitation[M]. 2nd ed. Psychology Press, Hove, 2003: 99-111.

[182] Taub E, Uswatte G, Pidikiti R. Constraint-induced movement therapy: A new family of techniques with broad application to physical rehabilitation-A clinical review[J]. J. Rehabil. Res. Dev., 1999, 36: 237-251.

[183] George F W, Chen R, Ishii K, et al. Constraint-induced therapy in stroke: magnetic-stimulation motor maps and cerebral activation, Neurorehabil[J]. Neural Repair, 2003, 17: 48-57.

[184] Dobkin B H, Apple D, Barbeau H, et al. Methods for a randomized trial of weight-supported treadmill training versus conventional training for walking during inpatient rehabilitation after incomplete traumatic spinal cord injury, Neurorehabil[J]. Neural Repair, 2003, 17: 152-167.

[185] Page S J. Intensity versus task-specifity after stroke: How important is intensity?[J]. Am. J. Phys. Med. Rehabil., 2003, 82: 730-732.

[186] Furusho J, Koyanagi J, Imadar Y, et al. A 3-D rehabilitation system for upper limbs developed in a 5-year NEDO project and its clinical testing[C]. 9th International Conference on Rehabilitaiton Robotics, IEEE, 2005: 53-56.

[187] Song Z, Guo S, Fu Y. Development of an upper extremity motor function rehabilitation system and an assessment system[J]. Int. J. Mechatronics and Automation, 2011, 1: 19-28.

[188] Liepert J, Bauder H, Miltner W H R, et al. Treatment-induced cortical reorganization after stroke in humans[J]. Stroke,

2000, 21: 1210-1216.

[189] Keith R A. Treatment strength in rehabilitation[J]. Am. J. Phys. Med. Rehabil., 1997, 78(12): 1298-1304.

[190] Miltner W H R, Bauder H, Sommer M, et al. Effects of constraint-induced movement therapy on patients with chronic motor deficits after stroke: a recplication[J]. Stroke, 1999 30: 586-592.

[191] Alexander N B, Galecki A T, Grenier M L, et al. Task-specific resistance training to improve the ability of activities of daily living- impaired older adults to rise from a bed and from a chair[J]. J. Am. Geriatr. Soc., 2001, 49(11): 1418-1427.

[192] Schmidt R A, Wrisberg C A. Motor Learning and Performance [M]. Third edition. Champaign, IL: Human Kinetics, 2004.

[193] Dobkin B H. Strategies for stroke rehabilitation[J]. Lancet Neurology, 2004. 3(9): 528-536.

[194] Page S J, Levine P, Sisto S, et al. Stroke patients and therapists opinions of constraint-induced movement therapy[J]. Clin. Rehabil., 2002, 16: 55-60.

[195] Malabet H G, Robles R A, Reed K B. Symmetric motions for bimanual rehabilitation[C]. IEEE/RSJ Int. Conf. on IROS, 2010: 5133-5138.

[196] Volman M J M, Wijnroks A, Vermeer A. Bimanual circle drawing in children with spastic hemiparesis: Effect of coupling modes on the performance of the impaired and unimpaired arms[J]. Acta Psychol, 2002, 110: 339-356.

[197] Hogan N, Krebs H I, Sharon A, et al. Interactive robotic therapist[P]. Massachusetts Inst. Technol, Cambridge, U.S. Patent #05466213, 1995.

[198] Krebs H I, Volpe B T, Aisen M L, et al. Increasing productivity and quality of care: Robot-aided neurorehabilitation[J] J. Rehabil. Res. Dev., 2000, 37: 639-652.

[199] Lum P, Reinkensmeyer D, Mahoney R, Rymer W Z, et al. Robotic devices for movement therapy after stroke[J]. IEEE Trans. Neural Syst. Rehabil. Eng., 2002, 10: 40-53.

[200] Kahn L E, Rymer W Z, Reinkensmeyer D J. Adaptive assistance for guided force training in chronic stroke[C]. 26th Ann. Int. Conf. of the IEEE EMBS, 2004: 2722-2725.

[201] Loureiro R, Amirabdollahian F, Topping M, et al. Upper limb mediated stroke therapy-ENTLE/s approach[J]. Autonomous Robots, 2003: 35-51.

[202] Kahn L E, Zygman M L, Rymer W Z, et al. Robot-assisted reaching exercise promotes arm movement recovery in chronic hemiparetic stroke: A randomized controlled pilot study[J]. Journal of Neuro Engineering and Rehabilitation, 2006, 3, 12: 1-13.

[203] Peattie A, Agnetha K, Joshua W, et al. Automated variable resistance system for upper limb rehabilitation[C]. Aus. Conf. on Robotics and Automation, 2009: 2-4.

[204] Furusho J, Kikuchi T. Rehabilitation Robotics[M]. Vienna, Austria: Itech Education and Publishing, 2007: 115-136.

[205] Ball S J, Brown I E, Scott S H. Designing a robotic exoskeleton for shoulder complex rehabilitation[C]. The 30th Canadian Medical and Biological Engineering Conference (CMBEC30), 2007.

[206] Nef T, Riener R. ARMin - design of a novel arm rehabilitation robot[C]. 9th International Conference on Rehabilitation Robotics, 2005: 57-60.

[207] Perry J C, Rosen J, Burns S. Upper-limb powered exoskeleton design[J]. IEEE/ASME Transactions on Mechatronics, 2007, 12(4): 408-417.

[208] Kiguchi K, Iwami K, Yasuda M, et al. An exoskeletal robot for human shoulder joint motion assist[J]. IEEE/ASME Transactions on Mechatronics, 2003, 8(1): 125-135.

[209] Kiguchi K, Kariya S, Watanabe K, et al. An exoskeletal robot for human elbow motion support sensorfusion, adaptation, and control[J]. IEEE Transactions on Systema, man and cybernetics—Part B: Cybernetics, 2001, 31(3): 353-362.

[210] Balasubramanian S, Wei R, Perez M, et al. RUPERT: An exoskeleton robot for assisting rehabilitation of arm functions[C]. Virtual Rehabilitation, IEEE, 2008: 163-167.

[211] Putnam W, Knapp R B. Real-time computer control using pattern recognition of the electromyogram[C]. Proceedings of the 15th Annual International Conference of Engineering in Medicine and Biology Society, 1993: 1236-1237.

[212] Siciliano B, Khatib O. Springer Handbook of Robotics[M]. Springer, 2008.

[213] He J, Koeneman E J, Schultz R S, et al. Design Q1 of a robotic upper extremity repetitive therapy device[C]. Proceedings of 9th International Conference on Rehabilitation Robotics, 2005: 95-98.

[214] Guo S, Song G, Song Z, Development of a self-assisted rehabilitation for the upper limbs based on virtual reality[C]. Proceedings of the 2007 IEEE International Conference on Mechatronics and Automation, 2007: 1452-1457.

[215] Li C, Inoue Y, Liu T, et al. A new master-slave control method for implementing force sensing and energy recycling in a bilateral arm training robot[J]. International Journal of Innovative Computing, Information and Control, 2011, 7: 471-785.

[216] Song Z, Guo S. Implementation of self-rehabilitation for upper limb based on a haptic device and an exoskeleton device[C]. Proceeding of the 2011 IEEE International Conference on Mechatronics and Automation, 2011: 1911-1916.

[217] Masia L, Casadio M, Giannoni P, et al. Perfromance adaptive training control strategy for recovering wrist movements in stroke patients: A preliminary, feasibility study[J]. J. Neuroeng Rehabil, 2009, 6: 44-51.

[218] Lam P, Hebert D, Boger J, et al. A haptic-robotic platform for upper limb reaching stroke therapy: Preliminary design and evaluation results[J]. J. Neuroeng Rehabil, 2008, 5: 15-24.

[219] Song Z, Guo S, Development of a master-slave system for upper limb rehabilitation[C]. Proc. of 5th Int. Conf. on Advanced Mechatronics, 2010: 768-773.

[220] Song Z, Guo S. Development of a real-time upper limb's motion tracking exoskeleton device for active rehabilitation using an inertia sensor[C]. Proc. of 9th World Cong. on Intell. Control and Autom., 2011: 351-356.

[221] Kiguchi K, Rahman M H, Sasaki M, et al. Development of a 3DOF mobile exoskeleton robot for human upper-limb motion assist[J]. J. Robot & Auton Syst., 2008, 6: 678-691.

[222] Housman S J, Le V, Rahman T, et al. Arm-training with T-WREX after chronic stroke: Preliminary results of a randomized controlled trial[J]. IEEE 10th Int. Conf. on Rehabil Robot, 2007: 562-568.

[223] Song Z , Guo S. Development of a new compliant exoskeleton device for elbow joint rehabilitation[J]. Int Conf. on Complex Med. Eng., 2011: 647-651.

[224] American Heart Association. Heart disease and stroke statistics 2010 update: A report from the American Heart Association[J]. Circulation, 2010, 121: 146-215.

[225] Byblow W D, Summers J J, Thomas J. Spontaneous and intentional dynamics of bimanual coordination in Parkinson's disease[J]. Human Movement Sci., 2000, 19: 223-249.

[226] Li C, Inoue Y, Liu T, et al. A new master-slave control method for implementing force sensing and energy recycling in a bilateral arm training robot[J]. Int. J. Innov Comput I, 2011, 7: 471-485.

[227] Lewis G N, Perreault E J. An assessment of robot-assisted bimanual movements on upper limb motor coordination following stroke[J]. IEEE Trans. Neural Syst. Rehabil Eng., 2009, 17: 595-604.

[228] Hartenberg R S, Scheunemann R, Denavit J. Kinematic Synthesis of Linkages[M]. New York: McGraw-Hill, 1964.

[229] Šornmo L, Laguna P. Bioelectrical Signal Processing in Cardiac and Neurological Applications[M]. Elsevier, 2005.

[230] Merletti R, Lo Conte L, Avignone E, et al. Modelling of surface myoelectric signals-Part I: Model implementation[J]. IEEE transactions on biomedical engineering, 1999, 46(7): 810-820.

[231] Oskoei M A, Hu H. Myoelectric control systems - A survey[J]. Biomedical Signal Processing and Control, 2007, 13: 275-294.

[232] Cavallaro E, Rosen J, Perry J C , et al. Hill-based model as a myoprocessor for a neural controlled powered exoskeleton arm-parameters optimization[C]. Proc. of IEEE Int. Conf. on Robotics and Automa tion, 2005: 4514-4519.

[233] Artemiadis P K, Kyriakopoulos K J. EMG-based position and force estimates in coupled human-robot systems: Towards EMG-Controlled exoskeletons, in experimental robots[J]. Springer Tracts in Advanced Robotics, 2009, 54: 241-250.

[234] Dipietro L, Ferraro M, Palazzolo J J, et al. Customized interactive robotic treatment for stroke: Emg-triggered therapy[J]. IEEE Trans. Neural Syst. Rehab. Eng., 2005, 13(3): 325-334.

[235] Yu H, Choi Y. Real time tracking algorithm of sEMG-based human arm motion[C]. Proceedings of the 2007 IEEE/RSJ International Conference on Intelligent Robots and Systems, 2007: 3416-3421.

[236] Jiang J, Zhang Z, Wang Z ,et al. Study on real-time control of exoskeleton knee using exlectromyographic signal[J]. Life System Modeling and Intelligent Computing, 2010, 63(30): 75-83.

[237] Oskoei M A, Hu H. Support vector machine-based classification scheme for myoelectric control applied to upper limb[J]. IEEE Transactions on Biomedical Engineering, 2008, 55(8): 1956-1965.

[238] Zecca M, Micera S, Carrozza M C, et al. Control of multifunctional prosthetic hands by processing the electromyographic signal[J]. Critical Reviews in Biomedical Engineering, Citeseer, 2002, 30(4): 459-468.

[239] Phinyomark A, Limsakul C, Phukpattaranont P. A novel feature extraction for robust EMG pattern recognition[J]. Journal of Computing, 2009, 1(1): 71-80.

[240] Haykin S S. Neural Networks and Learning Machines[M]. 3rd ed. Prentice Hall Upper Saddle River, 2009.

[241] 王婷. EMD 算法研究及其在信号去噪中的应用[D]. 哈尔滨: 哈尔滨工程大学, 2010.

[242] Singh G, Kaur G, Kumar V. ECG denoising using adaptive selection of IMFs through EMD and EEMD[C]. Kochi, 2014: 228-231.

[243] Wang Z, Guo S, Gao B, et al. Posture recognition of elbow flexion and extension using sEMG signal based on multi-scale entropy[C]. IEEE International Conference on Mechatronics and Automation, Tianjin, 2014: 1132-1136.

[244] Xiang L, Xiong W, Li J, et al. Application of EEMD and Hilbert marginal spectrum in speech emotion feature extraction[C]. Proceedings of the 31st Chinese Control Conference, Hefei, 2012: 3686-3689.

[245] 陈伟婷. 基于熵的表面肌电信号特征提取研究[D]. 上海: 上海交通大学, 2008.

[246] Havrda J, Charvát F. Quantification method of classification process: Concept of structural α-entropy[J]. Kybernetika, 1967, 3: 30-35.

[247] 谢群. 机器人辅助上肢康复训练的量化评价方法研究[D]. 北京: 清华大学, 2010.

[248] 王源. 外骨骼上肢机器人运动康复虚拟现实训练与评价研究[D]. 上海: 上海交通大学, 2013.

[249] Del Din S, Patel S, Cobelli C, et al. Estimating Fugl-Meyer clinical scores in stroke survivors using wearable sensors[J]. Conf. Proc. IEEE Eng. Med. Biol. Soc., 2011: 5839-5842.

[250] 刘飞. 基于 Kinect 骨架信息的人体动作识别[D]. 上海: 东华大学, 2014.

[251] 吕洁. 基于深度图像的人体关节点定位的方法研究[D]. 南京: 南京理工大学, 2014.

[252] 韩文锡. 基于深度图像的人体骨骼追踪的骨骼点矫正问题研究[D]. 青岛: 青岛大学, 2014.

[253] 黄健. 基于 Kinect 系统运动采集的康复训练平台的研究与设计[D]. 成都: 电子科技大学, 2013.

[254] 杨丽晓, 侯正松, 唐伟, 等. 近年手术机器人的发展[J]. 中国医疗器械杂志, 2023, 47(01): 1-12.

[255] 吕平, 刘芳, 戚昭恩. 腹腔镜外科百年发展史[J]. 中华医史杂志, 2001(04): 26-29.

[256] 王伟, 王伟东, 闫志远, 等. 腹腔镜外科手术机器人发展概况综述[J]. 中国医疗设备, 2014, 29(08): 5-10, 35.

[257] 闫志远, 梁云雷, 杜志江. 腹腔镜手术机器人技术发展综述[J]. 机器人技术与应用, 2020, 194(02): 24-29.

[258] Marescaux J, Rubino F. The Zeus robotic system: Experimentaland clinical application[J]. Surgical Clinics of North America, 2003, 83: 1305-1315.

[259] 牛国君, 曲翠翠, 潘博, 等. 腹腔微创手术机器人的主从控制[J]. 机器人, 2019, 41(04): 551-560.

[260] 王家寅, 姜乃晶, 赵亚平, 等. 一种新型单臂单孔微创腹腔镜手术机器人系统[J]. 中国医疗器械杂志, 2023, 47(01): 13-18, 25.

[261] 王树新, 王晓菲, 张建勋, 等. 辅助腹腔微创手术的新型机器人 "妙手 A"[J]. 机器人技术与应用, 2011(04): 17-21.

[262] 陈祥军, 周永良, 赵晓鹏, 等. 机器人 "妙手 A" 立体视觉系统的设计与实现[J]. 医疗卫生装备, 2012, 33(04): 14-17.

[263] "图迈" 腔镜手术机器人获批上市[J]. 传感器世界, 2022, 28(02): 38.

[264] 国产腹腔机器人产品研发获突破[J]. 技术与市场, 2020, 27(02): 3.

[265] 张建勋, 姚斌, 代煜, 等. 机器人辅助腹腔镜手术中力感知技术的研究进展[J]. 中国机械工程, 2021, 32(21): 2521-2531.

[266] Emma, 中国设计红星奖. "天玑" 骨科手术机器人[J]. 设计, 2019, 32(06): 11.

[267] 张在田, 张绪华, 卫志华, 等. 机器人在脊柱外科手术的研究与应用进展[J]. 中国矫形外科杂志, 2021, 29(18): 1677-1679.

[268] 宗路杰, 干旻峰, 杨惠林, 等. 脊柱外科机器人及其临床应用进展[J]. 中国脊柱脊髓杂志, 2021, 31(08): 754-758.

[269] 田伟. 机器人助力骨科新技术革命[J]. 中国医药导刊, 2022, 24(12): 1159-1161.

[270] 郭松, 付强, 杭栋华, 等. Mazor 脊柱机器人辅助改良经皮椎体成形术治疗腰椎骨质疏松性骨折的疗效分析[J]. 中国脊柱脊髓杂志, 2021, 31(09): 818-824.

[271] 李明, 黄迪超, 李海洋, 等. 骨科机器人导航手术的研究进展[J]. 中华创伤杂志, 2019, 35(4): 377-384.

[272] 张帅, 孔祥朋, 柴伟. 2021 年度关节外科手术机器人临床应用盘点[J]. 骨科, 2022, 13(06): 562-567.

[273] Liow M H L, Xia Z, Wong M K, et al. Robot-assisted total knee arthroplasty accurately restores the joint line and mechanical axis. A prospective randomised study[J]. J. Arthroplasty, 2014, 29(12): 2373-2377.

[274] Subramanian P, Wainwright T W, Bahadori S, et al. A review of the evolution of robotic-assisted total hip arthroplasty[J]. Hip Int., 2019, 29(3): 232-238.

[275] 郑长万, 陈义国, 匡绍龙, 等. 骨科手术机器人的发展现状分析[J]. 中华骨与关节外科杂志, 2021, 14(10): 872-87.

[276] 崔可赜, 郭祥, 韩贵斌, 等. MAKO 机器人辅助后外侧入路全髋关节置换的学习曲线及临床早期效果[J]. 中国组织工程研究, 2020, 24(9): 1313-1317.

[277] 宋强, 李凯, 宋文杰, 等. ROSA 机器人手术系统——发展、原理与应用[J]. 中国医疗器械信息, 2021, 27(17): 36-38.

[278] O'horo J C, Lan H, Thongprayoon C, et al. "Bundle" Practices and Ventilator-Associated Events: Not Enough[J]. Infect Control Hosp Epidemiol, 2016, 37(12): 1453-1457.

[279] 朱振中, 郑国焱, 张长青. 机器人辅助技术在创伤骨科的发展与临床应用[J]. 中国修复重建外科杂志, 2022, 36(08): 915-922.

[280] 孙立宁, 杨东海, 杜志江, 等. 遥操作正骨机器人虚拟手术仿真系统研究[J]. 机器人, 2004(06): 533-537.

[281] Füchtmeier B, Egersdoerfer S, Mai R, et al. Reduction of femoral shaft fractures in vitro by a new developed reduct ion robot system 'RepoRobo'[J]. Injury, 2004, 35(1): 113-119.

[282] Dagnino G, Georgilas I, Tarassoli P, et al. Vision-based realtime position control of a semi-automated system for robotassisted joint fracture surgery[J]. Int. J. Comput Assist Radiol Surg., 2006, 11(3): 437-455.

[283] Kwoh Y S, Hou J, Jonckheere E A, et al. A robot with improved absolute positioning accuracy for CT guided stereotactic brain surgery[J]. IEEE Trans. Biomed. Eng., 1988, 35(2): 153-160.

[284] 张剑宁, 刘嘉霖. 手术机器人推动神经外科进入新时代[J]. 四川大学学报(医学版), 2022, 53(04): 554-558.

[285] 孙君昭, 田增民. 神经外科手术机器人研究进展[J]. 中国微侵袭神经外科杂志, 2008(05): 238-240.

[286] 梁国标, 陶英群. 功能神经外科精准时代的助推器——ROSA 手术机器人[J]. 中国微侵袭神经外科杂志, 2017, 22(02): 49-50.

[287] 刘元钦, 李翠玲, 张磊, 等. ROSA 机器人在神经外科手术中初步应用体会[J]. 中华神经创伤外科电子杂志, 2019, 5(01): 47-51.

[288] Sutherland G R, Wolfsberger S, Lama S, et al. The evolution of neuroArm[J]. Neurosurgery, 2013, 72: 27-32.

[289] 吴震, 泮长存. 手术机器人在神经外科领域的应用及展望[J]. 中国医学文摘(耳鼻咽喉科学), 2014, 29(03): 145-148.

[290] 刘政鑫. 柏惠维康: 手术机器人解决神经外科痛点[J]. 机器人产业, 2023, No.48(01): 74-76.

[291] 孙椰望, 罗晓华, 曹也, 等. 神经微创医疗机器人关键技术发展综述[J]. 颈腰痛杂志, 2020, 41(06): 754-756.

[292] 甄雪克, 张黎, 田宏, 等. 睿米机器人在神经外科精准诊疗中的临床应用[C]. 中国医师协会, 中国医师协会神经外科医师分会. 第十六届中国医师协会神经外科医师年会摘要集, 2022: 1.DOI: 10.26914/c.cnkihy.2022.033053.

[293] 赵全军, 刘达, 王涛, 等. 国产神经外科医疗机器人 Remebot 治疗高血压性脑出血[J]. 中国微侵袭神经外科杂志, 2017, 22(07): 315-318.

[294] 杨海峰, 田增民, 孙跃春, 等. Remebot 第六代神经外科机器人的临床应用[J]. 中国临床医生杂志, 2017, 45(03): 86-88.

[295] 吴世强, 王俊文, 胡峰, 等. 睿米机器人结合术中 B 超在颅内微小病变手术中的临床应用[J]. 中国临床神经外科杂志, 2022, 27(01): 6-8.

[296] 崔萌, 马晓东, 张猛, 等. 神经外科开颅手术机器人研究进展[J]. 解放军医学院学报, 2019, 40(01): 95-97, 101.

[297] 熊若楚, 陈晓雷. 神经外科手术协作机器人系统应用进展[J]. 中国现代神经疾病杂志, 2023, 23(01): 40-44.

[298] 于宁波, 游煜根, 王鸿鹏, 等. 机器人辅助神经介入手术研究进展[J]. 中国现代神经疾病杂志, 2023, 23(01): 45-52.

[299] 张凯, 余孟流, 曹聪, 等. 种植手术机器人辅助完成种植手术精度的初步研究[J]. 中国医疗器械信息, 2021, 27(21): 25-28, 53.

[300] 世界首台自主式种植牙手术机器人在西安第四军医大学口腔医院问世[J]. 医学争鸣, 2017, 8(06): 2.

[301] 雍黎. 自主植牙机器人让牙医退二线[J]. 科学与现代化, 2019 (1): 116-117.

[302] 吴煜, 邹士琦, 王霄. 口腔种植机器人在口腔种植手术中的初步应用[J]. 中国微创外科杂志, 2021, 21(09): 787-791.

[303] 张波, 彭佳, 石伟伟, 等. 42 例种植机器人辅助口腔种植手术的护理配合[J]. 中日友好医院学报, 2022, 36(04):

251-252, 257.

[304] 王宁, 张小栋, 张政, 等. 眼科显微手术机器人的研究与发展[J]. 机器人技术与应用, 2020, 198(06): 14-19.

[305] 贺昌岩, 杨洋, 梁庆丰, 等. 机器人在眼科手术中的应用及研究进展[J]. 机器人, 2019, 41(02): 265-275.

[306] 佚名. 机器人完成首例眼科手术[J]. 科学大观园, 2016, 509(20): 74.

[307] 赵辉, 郑凡君, 任巍, 等. 人工耳蜗植入手术机器人研究之我见[J]. 中华耳科学杂志, 2020, 18(04): 637-642.

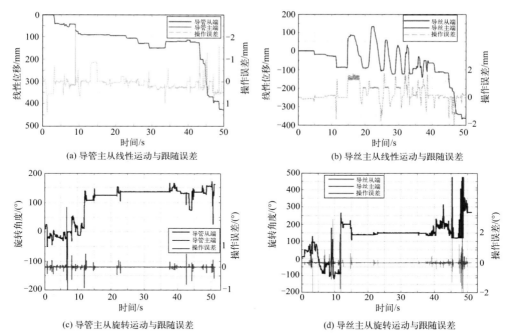

(a) 导管主从线性运动与跟随误差

(b) 导丝主从线性运动与跟随误差

(c) 导管主从旋转运动与跟随误差

(d) 导丝主从旋转运动与跟随误差

图2.47 操作者实验操作动作记录

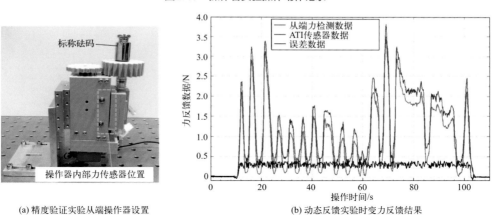

(a) 精度验证实验从端操作器设置

(b) 动态反馈实验时变力反馈结果

图2.61 力反馈性能验证实验

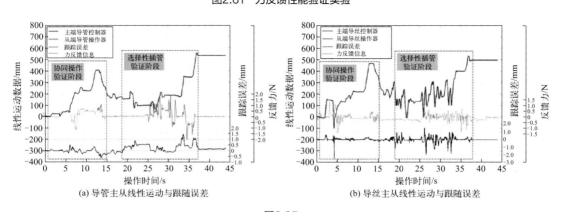

(a) 导管主从线性运动与跟随误差

(b) 导丝主从线性运动与跟随误差

图2.65

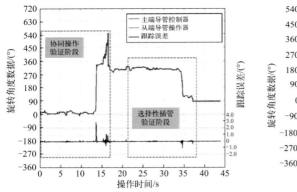

(c) 导管主从旋转运动与跟随误差

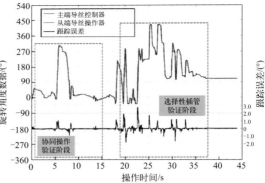

(d) 导丝主从旋转运动与跟随误差

图2.65　主从操作性能验证实验结果

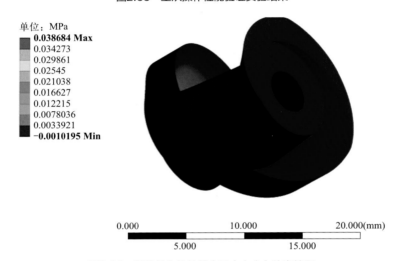

图3.33　螺纹结构旋转状态最大主应力仿真结果

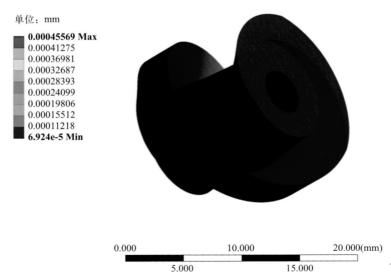

图3.34　螺纹结构旋转状态最大形变仿真结果

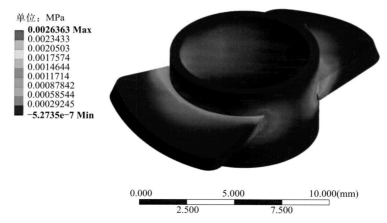

单位：MPa

0.0026363 Max
0.0023433
0.0020503
0.0017574
0.0014644
0.0011714
0.00087842
0.00058544
0.00029245
−5.2735e−7 Min

0.000   5.000   10.000(mm)
      2.500   7.500

图3.35　螺旋桨结构旋转状态最大主应力仿真结果

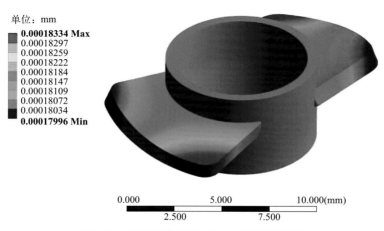

单位：mm

0.00018334 Max
0.00018297
0.00018259
0.00018222
0.00018184
0.00018147
0.00018109
0.00018072
0.00018034
0.00017996 Min

0.000   5.000   10.000(mm)
      2.500   7.500

图3.36　螺旋桨结构旋转状态最大形变仿真结果

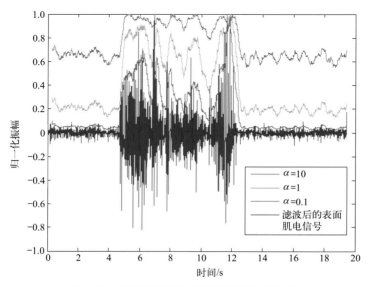

图4.25　运用滑窗方法计算尺度系数的 α 参数熵

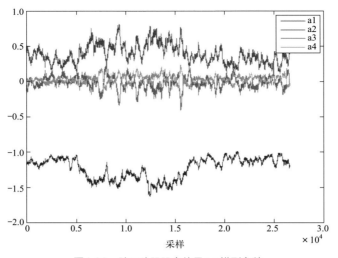

图4.28　肱二头肌肌电信号AR模型参数

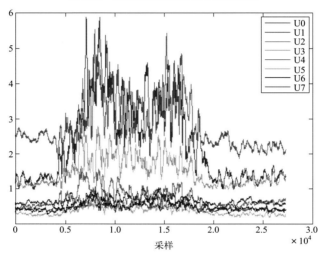

图4.29　肱二头肌肌电信号小波包系数的平均绝对值

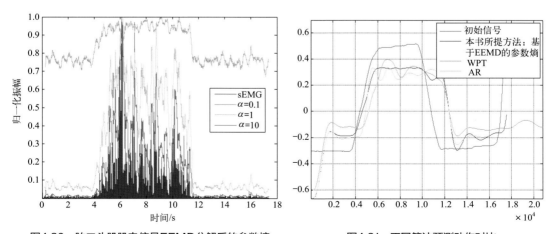

图4.30　肱二头肌肌电信号EEMD分解后的参数熵　　　图4.31　不同算法预测动作对比